# Good Enough Is the New Perfect

finding happiness and success in modern motherhood

[美] 贝基·博普雷·吉莱斯皮（Becky Beaupre Gillespie）
霍利·施瓦兹·坦普尔（Hollee Schwartz Temple） 著

谭苗苗　闫国瑞 等译


# 减法生活

## 幸/福/女/人/平/衡/术


北京师范大学出版集团
BEIJING NORMAL UNIVERSITY PUBLISHING GROUP
北京师范大学出版社

**图书在版编目(CIP)数据**

减法生活：幸福女人平衡术／（美）吉莱斯皮，（美）坦普尔著；谭苗苗等译. —北京：北京师范大学出版社，2014.9
ISBN 978-7-303-17285-6

Ⅰ. ①减… Ⅱ. ①吉… ②坦… ③谭… Ⅲ. ①女性—人生哲学—通俗读物 Ⅳ. ①B821-49

中国版本图书馆CIP数据核字（2013）第269870号

营销中心电话 010-58805072 58807651
京师心悦读新浪微博 http://weibo.com/bjsfpub

JIANFA SHENGHUO

出版发行：北京师范大学出版社 www.bnup.com
北京新街口外大街19号
邮政编码：100875
印　　刷：北京中印联印务有限公司
经　　销：全国新华书店
开　　本：170×240mm
印　　张：19.5
字　　数：235千字
版　　次：2014年9月第1版
印　　次：2014年9月第1次印刷
定　　价：35.00元

策划编辑：谢雯萍　　责任编辑：刘　畅
美术编辑：袁　麟　　装帧设计：红杉林文化
责任校对：李　菡　　责任印制：马　洁
营销编辑：张雅哲　　zhangyz@bnupg.com

GOOD ENOUGH IS THE NEW PERFECT

# 前言

本书绝不是一本宣扬中庸之道，鼓励大家安于现状、不求上进的书，本书的定位不过是要帮助新时代的职业女性和超级辣妈们搞清楚自己到底需要什么而已（当然不是在书中罗列种种我们想要的东西，而是让大家明白自己最需要的是什么）。

本书倡导的生活理念是不要盲目从众、追随他人，不要生活在别人制定的规则中。书中略带残忍地指出了一个事实，那就是仅仅靠卖命工作是不能得到自己想要的全部东西的，你根本无力控制自己的生活方向，也只能接受事实了。

但在本书中你也能找到有关鼓励你积极奋斗、努力工作的内容——这并不是为了实现俗不可耐的“人生几步曲”或者为了实现他人的梦想，我们只是希望做自己喜欢做的工作而已。本书讨论的是怎样让你在事业与家庭之间保持最佳的平衡状态，让你以饱满的激情兼得“鱼和熊掌”。

作为新时代的女性，我们心怀坦荡，以开放的姿态在这里开诚布公地讨论“减法生活”的话题，并且十分欢迎对此话题感兴趣的人们与我们争论和辩驳。有人质疑本书的名字起得不够恰当，包括书中提到的两位重要女性也发出了质疑的声音，其中一位还是霍利的好友，她建议我们应该把书名改为《阿谀迎合很可怕》。

我们对一切质疑持兼容并蓄的态度，我们向来都是以一副包容的姿态面对大家的质疑。因为在我们看来，倡导知足常乐的生活态度并不是怂恿大家当懒虫，纵容大家不求上进、悠闲散漫。我们是想让大家明白一个道理：对于一个女人而言十分重要而又必需的东西，在另一个女人眼里可能分文不值，所以我们每个人都应当有属于自己的人生标尺和生活标准，不要为了追求那些不切合自身实际的东西而做太多无用功，否则无异于缘木求鱼、徒劳无获。

有人把我们倡导的生活态度称为“知足常乐”，但是我们认为“新知足常乐”更为贴切。

* * *

在我们开始深入讨论“新知足常乐——减法生活”的话题之前，请允许我们作者先来个自我介绍。贝基是名记者（嫁给了一名律师），霍利是名律师（嫁给了一名记者）。就像我们采访过的许多女性一样，我们也是在工作与家庭之间挣扎的职业女性，也是千万新时代母亲中的一员。贝基在生下两个女儿之前是一名出色的报刊记者，她很热爱自己的工作，喜欢在自己尊敬的人们中间忙来忙去。霍利在生下两个儿子之前是一家非常著名的律师事务所的律师，虽然一年到头工作很辛苦，但是收入很可观，而且她在学术方面颇有建树。

但是，我们两人在休完产假、回到工作岗位七个月之后都辞去了工作。

作为母亲，我们最终放弃了工作，做出这样的抉择的确十分艰难，而随后发生的一系列故事使得我们萌发了撰写本书的想法。我们在写作的过程中也遇到了很多为本书提供素材的朋友，他们更是从多个方面激发了我们的创作灵感。

本书的写作时间始于2008年，经过这几年的调查研究，我们收集了大量数据——采访了905位出生于1965～1980年，已经做了母亲的职业女性，遍及美国每一个州；还对超过100位坚持工作的母亲做了深度访谈。其中一些女性在一两年的时间内定期接受我们的采访，采访内容涉及各种各样的主题，她们慷慨赠予我们的礼物就是提升了我们对于生活的洞察力，告诉我们许多影响今日女性朋友做出决策的因素。我们也从许多有关婚姻、女权主义和商务运作等学术研究中汲取了不少有价值的信息，还与许多专家学者就相关问题进行了讨论，以便我们更好地理解和阐释自己的调查研究结果。

我们最关键的发现确实让人备感惊讶。我们的研究结果揭示了两种类型的职业女性（已为人母）的生活状态：一种是“永不满足型”，一直在努力做到“最好”，以求获得“最好”的东西；一种是“知足常乐型”，把追求“最好”看得并不重要，在事业和家庭两方面都乐意持一种知足常乐的态度。我们关注的并不是这两种类型职业女性的存在，而是这两种类型的职业女性是如何为平衡事业与家庭来做出努力的，二者有何不同之处。

为了尽快达到我们的研究目的，澄清事实，解析困惑，我们特意选择了一部分已为人母的职业女性作为研究样本。这些女性都受过良好的教育，对自己的工作有一定的选择权，有能力更换工作并且可以抽出时间做自己喜欢的事情。几乎所有接受过我们采访的女性（无关乎种族、居住地、职业和家庭背景）都具有大学本科以上的文凭，有相对稳定且不菲的收入（当然这并不意味着她们没有丝毫金钱方面的压力，其实她们都有物质生活的压力，但是她们当中的绝大多数人都不会担心晚饭会无米下锅）。几乎所有参与了我们问卷调查的女性都接受过大学教育，而且大约有一半的人是因为有了高等学历才获得了现在体面的工作。当然我们深知社会上还存在一批承受着巨大生活和工作压力的女性，她们中的大多数人都没有能力选择自己的生活和工作，只能为了生计埋头苦干，可是这些人并不在本书的研究范围内，我们关注的并不是这一类女性。

我们同样也没有选择全职妈妈们作为研究对象，因为我们坚信在当今时代掀起的“母亲革命”（见本书第3章）是卓有成效的，会得到众多新时代职业女性的认可和推崇，工作和家庭绝不是水火不相容的两个对立面。我们遇到的诸多母亲（包括贝基）都是在经过艰难抉择之后给家庭和孩子开了绿灯，在事业上做出了巨大的让步，当然这种让步是意义非凡的。在本书第10章我们也讨论了曾经在职场上勇猛拼杀的职业女性在升格为母亲之后是怎样转换角色、变换职业的。

我们想说明的最后一点，毫无疑问，就是包括我们两位作者在内的所有接受过采访的女性都要清楚地明白，自己比起其他大多数人而言还是幸运的。凡是接受我们采访的女性都非常诚恳、坦率地讲出了她们生活中的喜怒哀乐，不论是积极的情绪还是消极的想法，都与我们慷慨分享。很多女性内心十分纠结，勉为其难地应付当前的工作是因为不想被外人指指点点说自己是忘恩负义的人，时常感到心中有苦说不出，不止一次地跟我们絮叨她们常常被孤独感包围着。我们认为，这种孤独感大多数来源于我们不愿意相互之间坦诚倾诉，不愿意提到生活中阻碍我们走向职场的各种绊脚石，不愿意让人知道我们正无奈地被各种烦恼推向崩溃边缘——我们真的很想做出改变！有很多全职妈妈之所以待在家里而不愿走向职场，很多时候是因为不知道该怎样平衡家庭与事业的关系，但是又不愿意跟他人透露自己真实的想法与种种困惑（个人的工作与生活长期以来一直被看作是个人隐私，不便放到桌面上讨论，只是最近一段时间才有所改观）。不过我们很多人从心底里都不想整日喋喋不休、牢骚不断。

事实上我们通过调查研究，已经发现有相当一部分新时代职业女性通过自己的努力在事业与家庭之间找到了较好的平衡点。但是这部分可怜的女性面临的是铺天盖地的批判，各种打击扑面而来，令她们备感郁闷。有时候还有大量非难的声音是来自于另一部分同样面临事业、家庭两难选择的女人们——唉，女人何苦为难女人呢？女人应当同情女人才对啊！我们在自己的博客里也会看到诸多尖酸刻薄的留言，凶狠地打击那些走出家门去谋求一份高收入、高声望职业的妈妈们，认为她们的行为非常不合时宜。曾有一位怒火冲天的网友留言说："哼，让你那六位数的薪水见鬼去吧！早晚让你变成大穷鬼！"

尽管反对与质疑的声音不断，但是我们依然全心全意投身于这个研究项目中，因为我们希望把新时代女性面临的事业与家庭间的两难问题变成全球热议的话题，希望这一主题走向永恒，希望新时代的辣妈们不必为此感到压力重重。纵然平衡好家庭与事业的关系并非易事，但是我们一定要有信心，这个普遍存在的问题总是有解决方案的。虽然新时代的妈妈们曾经面对挑战感到孤立无援、不知所措，但是我们要坚信幸福握在自己手中。

在这里，请大声畅谈新时代女性如何平衡好事业与家庭吧，不必有所顾忌！

因为我们十分强烈地感受到平衡好事业与家庭意义重大，所以我们毅然决定（不顾新闻从业者的天性）在本书中呈现我们自己的真实故事，与读者分享我们的私人感受，把我们为人妻、为人母的种种经历一一展现。

本书在每一章的开头都列出一些精辟的警句——一部分来自被访者的观点，一部分提炼自我们的研究结果。这些警句只不过起到了引子的作用，是否有用还要看个人的理解。到底是什么真正激发你的活力？是什么点燃你的激情？是什么让你产生起床的欲望去迎接初升的太阳？对你而言，什么才是真正的成功？

各位新时代的辣妈们，世上没有一条放之四海而皆准的万能理论，我们只是希望通过跟大家分享本书中呈现的诸多女性的故事来让大家从中受到启发，进而探索出一条适合自己的人生之路。希望新时代的女性能扮演好雇主、雇员、妻子与母亲的角色，平衡好事业与家庭的关系。我们在书中宣扬了“新知足常乐”的生活态度，真心希望已为人母的职业女性能因为阅读了本书而理解幸福生活的本意，创造出无数幸福的生活方式；更希望本书的读者能了解，如何通过构建属于自己的生活状态来获得更多的幸福感与成就感，真切诠释何为“新知足常乐”。

本书中涉及的诸多女性的真实故事让我们读来颇受启发，激发了我们积极乐观的人生态度和快乐生活的灵感，这是最重要的一点，也是我们特别希望本书能够赋予读者的东西。

贝基和霍利

2011年4月

GOOD ENOUGH IS THE NEW PERFECT

# 目录

GOOD ENOUGH IS THE NEW PERFECT

# 第1章

# 我辞职啦

- 你可以做任何事——这并不意味着你必须做好每一件事。
- 你应当为了生活的重中之重而做出一定的牺牲。
- 不做任何授权。
- 有时候你不得不辞掉工作。
- 知道在什么时候辞职意味着你很有自知之明，答案并不唯一，每个人都有属于自己的答案。

贝基坐在芝加哥《太阳时报》的编辑部里，一脸郁闷地趴在办公桌上陷入沉思。她十分惦念家里18个月大的女儿，一边想着家里的鳄梨不是有机水果，不能给女儿吃，一边又想着粗心大意的丈夫皮特可能会匆匆把土豆捣碎喂给女儿当晚餐，这简直太糟糕了！她的脑子里一次又一次地琢磨这些事，好像中邪了一样。

真是有点莫名其妙！

贝基盯着办公桌上的电话发呆，特别希望铃声响起。这天是2003年2月1日，星期六，美国“哥伦比亚”号航天飞机在这天早上爆炸了，贝基非常希望能就此事采访一下著名的阿波罗13号飞船的宇航员吉姆·罗威尔，他就住在芝加哥附近。

但是罗威尔迟迟没有打来电话，贝基在等待罗威尔回电的过程中忍不住又去琢磨家里的鳄梨。这种状态是从未有过的：她曾经沉迷于新闻事业，一旦有新闻她就如同打了鸡血一样兴奋，而现在她的注意力却总是转向家里的鳄梨，只不过是一种蔬菜而已嘛，抑或是水果？她为什么一直坚持听金宝贝公司的课程呢？从孩子尚未出世就开始学习自制婴儿食品，学习西班牙语，坚持吃全麦意大利面……

一番胡思乱想之后，贝基的目光转向了办公桌上的电话，她又开始盯着电话发呆。“拜托，电话铃声赶紧响起来吧！只要罗威尔回了电话我就能回家啦！”贝基对着电话祈祷了一番。可是她又忍不住想象宇航员遇难时的惨烈情景，感到阵阵毛骨悚然。遇难的宇航员中有一位名叫劳伦·克拉克的女性，她还是当了母亲的人，这样的悲剧对贝基的刺激非常大，一整天都在折磨着她。因为天生的母性使然，贝基实在不愿意听到这样的惨剧发生。

贝基再也不能全身心地投入工作了，她再也不觉得自己是编辑部不可或缺的一分子，她为了生孩子已经离开编辑部一年多了，现在也不过是每周上两天班而已。贝基也知道自己应当不负众望，抓住机会成为一名优秀记者的同时尽量能做好全职母亲可以做到的育儿工作。有谁要求她这样两头兼顾吗？为什么她想实现这个目标是如此的困难？残酷的现实告诉贝基，她上当受骗了，其实她根本没有能力兼顾工作和生活。她几乎没有时间去完成长篇新闻稿，而新闻的时效性又敦促她必须在极短的时间内成稿，于是她经常在下班离开编辑部的时候充满了负罪感，觉得自己没有很好地完成工作任务。而且她对家里的女儿也是头疼不已，为了工作错过了很多女儿成长中的关键阶段，心里感到万分惆怅。三个月之前，她的女儿伊丽莎白迈出了人生的第一步，可是贝基那时却因为担任了经济新闻编辑的助理而忙得不可开交。

唉，一想到这些贝基就忍不住一声叹息。不知皮特是否给女儿准备好了晚饭？不知他是否又像对待饿死鬼一样为女儿匆忙准备晚饭？不知道鳄梨表面的农药残留是否被彻底清除了？

“噢，放松点，不必太紧张。”贝基自言自语道，“你能做的就是尽量再做出更多的努力，让自己变得更加强大！”

但是贝基认为自己真的无法做到。于是，一个小时之后，她在回家路上做出了一个决定——辞职！

＊＊＊

霍利在小儿子的托儿所内弓着身子摇晃了一会儿浅绿色的摇篮，结果两年后就萌生了“辞职”的想法。因为她一度整晚上被偏头痛折磨得无法入睡，跑到卫生间呕吐不止，根本不能通过睡眠得到休息。她那35岁的丈夫约翰正在一英里外的医院里躺着呢，在霍利出事前一天，他的心跳速度在一分钟内超过了200次，这也太快了吧！吓得救护车司机一度担心约翰的心跳会突然停止。约翰可是霍利的精神支柱啊，他的精力与体力总是给人耗之不尽的感觉。约翰的身材十分高大魁梧，健康状况非常棒，他可以通宵驾车远行，通宵写作，甚至通宵打磨地板。他在大学期间曾经因为参加全国马拉松比赛而做过一次体检，从那以后就再也没有看过医生，可是这次竟然出现了如此严重的状况。刺耳的电话铃声不断响起，让人觉得更加恐慌，来来往往的急诊医生组成的紧急救护医疗小分队也显得那么忙乱不堪。霍利的所见所闻都让她备感焦虑与慌乱，她实在不希望“病危”这样的字眼儿进入自己的大脑。

不过阴霾已经过去，现在的霍利已经迎来了阳光普照的新生活。她已经不再恐惧弓着身子晃摇篮了，而且全母乳喂养大儿子基甸到11个月，还希望能把小儿子亨利母乳喂养满一年，这样她就能获得由美国儿科学会颁发的金星了。在哺乳期，霍利换了一份在律师学校教书的新工作，工作的时间十分灵活，这样便于她回家给儿子喂奶，就不用像以前当律师的时候那样需要在工作时间锁上办公室的门偷偷挤奶了。现在霍利可以用4分钟的时间从律师学校跑回家给亨利喂奶，从临时保姆的怀中抱过亨利，看着他又圆又肉乎乎的小脸蛋，“咕嘟咕嘟”贪婪地吞咽着母乳，最后撑得肚子圆圆的，霍利感到无比的幸福与满足。她又晃了一会儿摇篮，觉得陪伴亨利的时光真是无比美好呀。

但是在那个晚上，命运又出现了变数。霍利之前一点也没有料到，约翰的健康状况竟然进一步恶化，这让她焦虑无比，强烈的恐惧感袭遍全身。霍利准备解开睡衣的扣子，再肆无忌惮地放声痛哭一阵，似乎这样能让自己舒缓一下情绪。可是她担心这样会把三岁的基甸吵醒，小家伙在上床睡觉前还在抱怨为什么爸爸不来亲吻他、不跟他道声晚安呢。

“我绝不能这么干！”霍利这样想着，踮着脚尖轻轻下了楼，从高高的储藏架上取下了一罐配方奶粉，开封，给亨利冲调了一瓶奶。霍利一贯坚持“母乳是宝宝最好的食品”，在参加周二的幼儿游戏组时她还高声反对给孩子吃配方奶呢，现在她面对残酷的现实生活，也不得不低头示弱。那些曾经如同梦境般美好的生活已经偏离了正常的轨道，她再也不能回到过去了，曾经的幸福与美满正渐行渐远。

亨利十分开心地吸吮着奶瓶中的母乳替代品，霍利再也不能给她的宝宝提供母乳了。

* * *

这完全是情非所愿。

社会不仅是对我们这些已为人母的成熟女性要求颇高，而且许多小女孩从小成长的环境就决定了她们在成人后要承载巨大的责任。女孩们又要学习舞蹈，又要从父母长辈那里学习和继承无数的生活技能，从出生那一刻起，女孩们就像踩着鼓点一样一步步按照既定的模式走向成熟，最终把自己塑造成为无所不能的全能选手。女孩们被灌输的思想就是：你能扮演好任何角色，你能做好任何事。

于是，我们背负着众人的期望——做好所有的事。我们既要当个好妈妈，还要有份不错的工作，并且要为幸福美满的家庭做出应有的贡献，这样才能走入属于我们的一方乐土。

所以，我们很忠诚地履行自己的人生职责：努力学习取得高学历，努力争取理想的工作，还要生儿育女。可是我们在追求这些的过程中又有新情况出现了。所谓“没有最好，只有更好”，我们马不停蹄地追求完美，跟犯了大烟瘾一样无法自控。原本是纯天然“一切为了孩子好”的母性现在也变得功利化，竞争味道十足。我们从怀孕时就得给肚子里的胎儿听莫扎特的音乐；剖腹产的伤口刚刚愈合我们就迫不及待地去参加幼儿游戏小组、学习育儿知识；书架上已经摆满了幼儿专家推荐的睡前故事书和训练宝宝大小便的指导用书。我们带着宝宝们去动物园认识动物，去参加婴幼儿瑜伽学习班，给孩子补充促进大脑发育的营养品……我们为孩子做了一切应该做的事情。

结果我们的生活就变成了从早晨睁开眼到晚上入睡，一整天都像上足了弦的发条一样不停地运转，永远不得清闲。这其中还夹杂着诸多的担忧与焦虑。我们希望能找一些解决问题的捷径，却时常遭受失败的打击，只能在心里暗暗自责。忙了一白天，到了晚上，从日托机构把孩子接回家，照顾孩子吃好晚饭，收拾好乱七八糟的玩具，在房间里的楼梯上铺好地毯，我们做完这一系列的事情后几乎到了崩溃的边缘，真想一头栽到床上大哭一场啊！有关我们如何在这场紧张的生活战役中被伤得体无完肤、被迫为了追求所谓完美生活而搞得自己焦头烂额，将在下一章做出阐述。在这里我们重点要讨论的是接下来要发生的事情。

在这场灾难性的生活战役中，我们中的一些巾帼英雄不再一味埋头苦干，而是抬起头来认真思考，做个深呼吸舒缓一下紧张的情绪，然后做出了我们大多数人从未想过、更未做过的事——辞职。

我们辞职啦！

跳出我们长期以来固守的生活轨迹其实更容易奔向胜利的终点，领略那一片美丽的风景。有一部分女性大胆地辞去了工作；另一部分女性也不再盲目认同"'你可以做任何事'就意味着'你必须做好每一件事'"，这话说起来容易做起来难。可是这些背离传统价值观的新时代女性因为大胆地做出了另类的人生选择而招致了不少非议，各种批判的声音不绝于耳。不管怎样，我们的确应当认真思考自己真正需要的是什么，然后为其付诸行动——当然接踵而至的后果我们也要勇敢地接受和承担。

让我们练习着说"不"吧。让我们学着把自己的思想观点与他人的区分开来吧，不要总是盲从他人的价值观了。我们当中的有些人还在尝试着过一段时间的低收入状态下的生活。这些选择我们都可以尝试，但是有可能不太容易坚持自己的选择。尤其是当你的朋友洋洋得意地宣称她的孩子们已经改掉了爱吃糖果和看电视的坏习惯，并开始努力学习中国话的时候，或者当你得知自己的大学同学又获得升迁的时候，你心中不免会滋生出些许嫉妒之情，觉得自己已经落后于她们了。其实你大可不必有这样的消极情绪，因为对每个人而言，真正需要的东西都不相同，人生是否幸福完全不会简单地取决于你是否做全职工作或者兼职工作，甚至压根儿没有工作。

我们希望自己做生活的强者，还是以回避的态度做生活的懦夫？我们是追求事业的成功和自我价值的实现，还是安于在悠悠长廊里享受一支美味的午后冰激凌？我们会不会因为立志把自己打造成超级辣妈而影响孩子们的前途？

我们发现，长期以来被大众所认可的女性价值观体系其实并不是正确的；相反，与传统女性定位相背离的新时代女性的价值观才是正确的，这个结果可能让很多人大跌眼镜。其实我们只要降低对某些事物的要求（适当提高对另外一些事物的要求），就会走向更幸福的乐土。我们本着知足常乐的态度，完全可以既保持激昂的工作热情又不会丧失伟大的母性，从容不迫地平衡好事业与家庭的关系。成功的关键也很简单，就是要对“成功”重新定义。

事实证明，辞职是我们目前可做的最好选择，它教会了我们去理解“知足常乐”这个词语的真正意思。

## 知足常乐和永不满足

2008年夏天，为了收集第一手写作素材，我们开始采访职场辣妈们。结果让我们备感意外，我们发现接受采访的大多数女性都可以归入下面两类人：一是相对比较平和地对待自己为了家庭在事业上做出的牺牲，比较心甘情愿；二是心中充满了无奈，是被迫接受当前的生活状态。属于后者的职场女性经常处于茫然迷惑甚至愧疚的心理状态，觉得自己不符合优质女性的标准，不是一个合格的母亲。她们迫切希望自己目前的生活状态能有所改观，但是又不知从何处着手来改变现状。接受采访的女性有六成以上的人都很聪明并且有良好的教育背景，在收入方面也没有很大的差异，物质生活的压力并不大。那么为什么其中一部分人的心理状态跟另一部分人的差异会如此之大？为什么会有人对目前的生活持如此纠结的态度？

我们计划通过自己的努力来找到答案。我们两个在多年前就相识了，并成为了好朋友。当时贝基是《西北日报》的编辑，采访了霍利，因为她不仅是一名记者，更是一位母亲，所以霍利对她颇感兴趣，二人遂结为好友。那时的贝基依然想坚持做一名工作体面、收入高的职场辣妈，同时还希望能有足够的时间陪伴自己的两个女儿——伊丽莎白和卡蒂；而霍利为了腾出时间照顾自己的两个儿子——基甸和亨利，从律师变成了法律教授。

因此，在2009年5月，我们开始为了一项专门的研究而在全国招募了900名出生于1965～1980年的职场母亲来接受采访与调研。我们的问题涉及女性为人母后做出的牺牲，对成功的理解，有什么优先权，促使或阻碍女性应付所有事物的因素，以及身兼数职的辣妈们有什么行动计划。

接受采访的女性几乎来自美国所有的州，种族各异，职业不同：有来自加利福尼亚的法学博士，有来自夏威夷的大学教授，有来自佐治亚的电气工程师，有来自德克萨斯的银行家，还有来自纽约的广告执行官。

我们把接受采访的职场母亲很贴切地分为两类，每一类群体的人数大致相当。第一类是“永不满足型”，属于颇有成就的人，主要特点是“每一件事都要做到最好，追求完美的动力十足”；第二类是“知足常乐型”，这部分职场母亲也取得了不错的成就，但是她们并不认为追求完美是人生中最重要的事，她们认为知足常乐的生活态度非常好，无论是在工作中还是在生活中，都时常被幸福感包围着，开心最重要。

不出预料，永不满足型的职场母亲在收入上要比知足常乐型的职场母亲高出约18个百分点，但是高收入能抵消她们为了工作耽误陪伴孩子的愧疚感吗？她们坚守着完美主义的理想，像机器人一样不知懈怠地忙来忙去，保持着快节奏的生活，身体状况日益糟糕，离身心健康的人生目标越来越远。一位母亲说，她为了给孩子找个靠谱的保姆曾经面试了30多个备选人员；另外一位母亲说她曾经为了找个只需工作一小时的临时保姆也面试了十几个备选人员；还有的母亲因为白天忙于工作而错过了儿科学会组织的活动感到万分懊悔——这都是两年前发生的事情了。很多母亲针对孩子们的进食时间和更换尿布的时间制作了精细的电子表格，甚至有的还信誓旦旦地保证不能让孩子的安全受到一丁点儿威胁，一定要让孩子远离压路机等一切危险的机器。还有，不能让孩子们过平淡无奇的生活，不能让孩子们变成平庸之辈。

有一部分知足常乐的女性，她们对于事业和家庭的满意度都比较高——尽管她们为了实现这种满意的状态也在工作上有所舍弃。知足常乐的女性在生完宝宝以后仍然从事原来的工作，跟那些永不满足的女性一样希望在事业上继续前行。她们跟丈夫一直保持着亲密和谐的关系，经常找时间跟朋友们见面聊天，花时间陪伴家人，而且还会挤出时间满足自己的个性化需求（可能她们在有了孩子以后会大量减少花在自己身上的时间）。知足常乐的女性很少抱怨她们为了孩子做了多少牺牲，也很少因为要达到所谓的完美境界而搞得自己压力重重，在她们看来，各个方面的满足感远远超过那些永不满足的人每年多赚1.3万美元的价值。毕竟，金钱不是衡量成功的唯一标准。

我们花费了将近一年的时间做了大量的调查研究，发现要想生活得幸福美满，提高自己对人生的满意度，关键在于克服无休止追求完美主义的强迫症。研究发现，完美主义倾向使得广大女性朋友们在事业与家庭之间苦苦挣扎，两头都想做好，可是却两头都忙得一团糟。完美主义女性力图做好每一件事，力求面面俱到，并以此作为人生第一信条。为了缓解家庭经济压力，职场母亲努力打拼，超负荷工作，艰难地履行自己的岗位职责，为那些不靠谱的下属伤脑筋；同时还要承担大量的家务劳动，从洗衣做饭到扫地刷碗，根本指望不上孩子的父亲为家务事做出多少贡献。

换句话说，这些年以来我们这些可怜的女性朋友一直拘于固有传统社会价值观的束缚，既要承担大量的家务劳动又要承受巨大的工作压力，这是多么的不公平啊！现在我们要冲破藩篱，构建属于新时代女性的价值观体系，也许要冒天下之大不韪，但我们决定迎难而上，因为我们已经意识到了，最大的障碍不是别的，就是我们自己。

我们通过研究发现，似乎保持知足常乐的心态是解决事业家庭两难问题的唯一办法，接受访谈的女性只有一半左右的人认为是她们完美主义的倾向限制了自己平衡好事业与家庭的能力——而超过90%的永不满足型女性持此观点。

我们的研究结果主要有以下几点，希望能引发大家的思考。

- 永不满足型的女性比知足常乐型的女性更容易抱怨她们在事业和家庭中做出了太多的牺牲，却很少提到她们所做的牺牲反映了自己关注的重点。
- 知足常乐型的女性在生完孩子以后仍然回到原来的工作岗位，并且跟永不满足型的女性一样希望在职场上更有作为，获得升迁。
- 知足常乐型的女性在生完孩子以后更乐于减少属于自己的时间，以增加陪伴孩子的时间。
- 知足常乐型的女性对自己的婚姻更为满意，超过知足常乐型女性人数两倍的永不满足型的女性把夫妻关系描述成“不怎么样”或者“简直是场灾难”。比起知足常乐型的女性，永不满足型的女性更容易把花时间陪伴家人或朋友看成是痛苦的事情（尽管两种类型的女性对该话题的回答都没有特别精彩之处，没有从中发现“超级明星”，但是知足常乐型的女性显然持有更乐观积极的生活态度。在谈到夫妻关系这个话题时，知足常乐型的女性比起永不满足型的女性更加满意目前的夫妻关系——这也是我们意料之中的）。

- 在回答如何看待事业与家庭关系的问题时，有42%的永不满足型女性回答：“我想努力在事业和家庭上获得双丰收，我要成为工作和生活中的超级明星，就算把我累死我也认了！”而只有7%的知足常乐型女性会做出类似的回答，永不满足型的女性人数是知足常乐型女性人数的6倍之多。

虽然听上去像轶闻趣事，但是我们收集的有关“新知足常乐”的个案都挺让人信服的。当我们近距离接触那些对自己的工作和生活都比较满意的新时代辣妈时，我们发现这些女性身上存在一些共性的东西，她们对成功的定义有着自己的理解，在必要的时候也会摇头说“不”，懂得适当放弃一些东西，不盲目追求完美，坦然接受一些不如意。她们已经发现，自己之所以能够获得巨大的成功（比方说赚了更多的钱）就是因为适当放宽了对自己的高标准、严要求，同时重新审视了自己的生活重心。大多数情况下，接受我们采访的女性都对自己的期望值很高，其中一些人就属于“有着强烈的欲望想把每一件事都做得尽善尽美”（从我们收集的大量调查数据来看，很多数据只是指向了一个大致的趋势，我们并不需要对每一个具体问题的具体答案做出详细分析与阐释）。调查结果显示，那些被我们定义为有着完美主义倾向的女性，对于“知足常乐”

这一词汇持质疑态度，但是跟那些知足常乐型的女性在回答问题时又存在一些共性，不同于另外一些情绪低落、生活失意的被访者。知足常乐型的女性通常懂得把握人生的大方向，抓住生活的重心，不必强迫自己在时时处处都要做到尽善尽美，只需要根据自身的具体情况做到自认为是最好的就可以了。

最成功的女性往往会很理智地做出适当的牺牲，明白什么叫“舍得”，正是有“舍”才有“得”，她们不会试图把所有的事情都做到完美无缺，因为她们深知自己无法做到。由于在某些方面做出了妥协，就能在另一些更重要的方面投入更大的精力以获得更大的成功。她们会自主定位自己的生活重心，有效地分配好自己有限的时间——如果事情不能按照自己的既定计划发展，那她们宁可放弃，转身离去，留下一个潇洒的背影。

举几个成功母亲的例子：珍·坎特，一名儿科医生，一对双胞胎宝宝的母亲，经营着属于自己的玩具公司，还在努力学习准备拿一个海外学历。金伯利·奥斯特·霍尔斯坦，是一家资产达数百万美元的公司的首席执行官，她会努力抽时间做做冥想，支持她的女儿参加女童子军的活动，很享受每天接送孩子上下学的生活。尼基·爱德考克·威廉斯，在安然公司破产之前曾是这家大公司的法律顾问，公司破产之后她正好可以多花点时间陪伴自己的孩子们。詹妮弗·佩特，曾经是个好莱坞导演，她创办了一档在线有奖脱口秀节目，主题就是有关当代时尚辣妈的。

上面列举的这些成功女性其实都不具备超人的能量，相反，她们都是非常普通的母亲。

只不过她们深深懂得一个简单的事实：真正的“完美”在现实中是不存在的。

詹妮弗·佩特，43岁
《辣妈生活》的创办者和主持人
加利福尼亚州，洛杉矶
库珀和利拉的母亲

没有人能够时时处处做到尽善尽美，起码我是这样认为的，对于“完美”一词，我的态度是将其高高挂起。我只想真切地拥抱一个真实的自我。当然这并不意味着我会拒绝追求美好的事物，我只是不想让自己深陷完美主义的泥潭而无法自拔。如果你肯从不断追求完美的生活藩篱中把自己解放出来，那么你会感到前所未有的幸福与快乐。

## 固执的完美主义者

这意味着什么呢？

为什么在物质生活和精神生活越发丰富多彩的时代，有关完美主义的讨论还如此热烈，倡导知足常乐的生活理念不是很好吗？为什么有如此多的女性依然固执地想把每一件事都做到最好呢？

首先，倡导“新知足常乐”的生活理念对一贯秉承传统的“力求完美”的女性而言是个极大的挑战。大多数职场母亲坚守着完美主义的理想，信奉“事事都要做到最好”的人生信条。通过调查我们发现，那些成功转变生活态度的妈妈们更能够把母性的光辉发扬光大。

其次，“永不满足”也是一种顽固的习惯状态，要想改变确实很难。而且客观地说，这种习惯在某段特定的历史时期确实有力地促进了我们的个人发展，我们也确实因此而受益匪浅，直到现在我们仍然在某些方面得益于追求完美的人生态度。在完美主义理念的驱使下，来自我们内心深处的原动力不断推动我们去取得高学位，争取体面的工作，让我们像打了鸡血一样充满斗志。即使在这一过程中感到苦不堪言，我们也依然咬紧牙关、绝不退缩，不敢有丝毫的懈怠，因为我们坚信要想获得成功、收获完美的果实，真的是别无他法。可是要想让我们彻底转变坚守了多年的习惯，颠覆我们的人生信条，这可真不是件易事啊！

当前社会的现实状况真的不容乐观，而且日益恶化，科技革命带来的是性别差异在职场上逐渐缩小，新时代的女性在更广阔的职业天地里发挥着空前的优势。我们可以凭借现代化的科学技术把自己从传统的办公室环境中解放出来，让我们在更自由的环境里完成自己的工作，也更容易获取大量鱼目混珠的信息。新时代的男性朋友们比起上一辈为家庭做出的贡献更多，在工作上的灵活性更大。但是很多科技优势并没有为我们提供真正的便利：科学技术把我们牢牢地拴在了工作上，为人与人之间的有效沟通制造了障碍，提供的海量信息压得我们透不过气来。性别角色的变化意味着我们要与时俱进地调整婚姻这艘巨轮的航行方向。面对更加灵活的弹性工作制，如果我们不能很好地执行，就会导致我们生出一种错觉，认为我们应该能掌握一种平衡好生活各个方面的万能工具——纵然事实并非如此。还有一部分母亲为了能照顾好孩子、做一名称职的好妈妈，而希望找到适合自己的兼职工作，即使这并不是她们心甘情愿的选择。

再提出一个更有难度的问题：如何平衡好工作与生活的关系？这个问题真正的含义是什么？努力在工作和生活两方面平均投入精力有时候并不比全身心投入其中一方面轻松（对了，提示一下，难道工作不是生活的一部分吗）。永不满足型的人们貌似在这个问题上更加纠结，对他们很多人而言，“平衡”一词意味着不能让任何一方走向失败，让他们更加觉得一天到晚时间都不够用。

为撰写本书而采访的许多女性都反映说自己早先制订的职业规划都随着孩子的诞生而濒临破产，自己长期的职业目标也因想成为“伟大母亲”的理想而被迫搁置。现如今对于“成功”的定义非常混乱，往往用极高的物质标准来衡量成功。

第二次世界大战后生育高峰时出生的孩子的母亲，有多少人能考虑给孩子喂食有机蔬菜的问题？哪个不是迅速冲入附近的快餐店买块夹着花生酱和黄油的三明治来打发孩子的吃饭问题？霍利和她的哥哥麦特，小时候经常在下雪天干些冒险的事情，驾驶着他们临时组装的雪橇一路冲向匹兹堡市边缘的悬崖——而且没有戴头盔等任何保护装置，也没有成人的指导与监护。对于再上一辈的人来说，更没有现代化的教育手段对付精力过剩的孩子了。贝基的奶奶贝蒂·卢克·哈弗菲尔德从来不会在意她的女儿在托儿所里玩的玩具是否有利于促进孩子的大脑发育；她甚至从来没有读过有关孕期知识的书籍。贝基的母亲还记得自己吃的蔬菜经常都是从罐头里取出来的，如果不是吃的罐头蔬菜，那就是被煮过头的蔬菜，里面也没什么维生素残留了。

虽然上一辈人在育儿方面不会很精确地把控好营养问题，但是他们也没有把事情弄得一团糟。事实上，专家们已经提出了“知足常乐”的生活态度比事事追求完美的生活态度更有利于抚养儿童，有利于儿童的健康发展。英国儿科医生和精神分析师唐纳德·温尼克特最先倡导妈妈们应当坚持“知足常乐”的生活态度，摒弃完美主义的育儿观。他主张让妈妈们慢慢培养孩子的独立性和解决问题的能力，甚至适当让孩子经历挫折，这都是送给孩子们极好的礼物。而那些追求完美的妈妈们总是希望把所有问题都及时帮孩子们一一解决好，认为这样才能让孩子慢慢学会独立。家庭教育专家埃伦·加林斯基，也是《做出决定：孩子们一生所需的七项基本技能》的作者，他告诉霍利，如果妈妈们在教养孩子方面过于追求完美，那无异于给孩子们上了可怕的一课：错误是不允许发生的！我们绝不能接受犯错误的孩子！母亲在我们的成长过程中扮演着极其重要的角色，我们从母亲的言行举止中受到了潜移默化的影响，这些影响会伴随我们一生。埃伦指出，你可以能会因为自己在孩子面前犯了错误而感到恐慌不已，因为你没有把事情做到最好。但是我们希望你能逐渐接受另一种观点，尽管你的初衷是想把所有的事情都做得尽善尽美，但是在疯狂追求完美的过程中发现有时已经精疲力竭了也不见得能如愿以偿，所以你可能会慢慢接受“知足常乐”的人生理念。

尽管如此，当今时代的妈妈们还是有许多陷入了完美主义的旋涡，认为她们应该想尽办法给孩子们做好人生规划，追赶潮流，讲究时尚育儿法，兼顾事业与家庭。有调查显示，2000年的职场母亲跟孩子互动的时间约等于1975年的全职妈妈跟孩子互动的时间。挫败感与极度疲劳感在现代化快节奏生活中毫不留情地袭击着妈妈们，本书中提到了接受我们采访的很多新时代女性都处于这样的生活状态。

下面的话写给永不满足型的女性：

我希望自己能把所有的事情做好，最后搞得自己筋疲力尽，结果却远没有自己预想的那么完美，真是失败呀。正如邦乔维所说：“只有等我死了才能好好睡觉了。”

我不喜欢在任何方面做出牺牲，既不想耽误工作又不想牺牲家庭，我只是奢望每天能有30个小时供我分配就好了。

我想努力让自己接受一个事实：如果今天的事情没有做完也不会到了世界末日，可以拖到明天做也可以，我应当多花些时间在自己和丈夫身上，忽略那些没完没了的日常事务吧，因为时间是有限的，要想面面俱到是不可能的。我已经太长时间没有真正为自己而活了。

- 对于永不满足型的女性而言，最大的障碍是她们无法让自己停止追求完美，而大多数知足常乐型的女性恰恰可以更好地跨过这一障碍。
- 永不满足型的女性往往很难卸下肩上所负的重担（即使面对自己的丈夫也从不懈怠），有超过一半的被采访者存在这种情况，而只有不到三分之一的知足常乐型女性会有类似的感受，而且永不满足型的女性总是很难摇头说“不”，很少摆手拒绝。
- 永不满足型的女性往往把努力工作当成自己的义务，因为她们认为只有努力工作才能体现自己的价值。
- 永不满足型的女性也很少对自己有现实性的期望。

当然，对于知足常乐型的女性而言，也必须学会适当放手，让自己学会放松——不管是在家庭中还是工作上，经过这么多年不屈不挠的打拼，一直为了追求完美而不敢有丝毫的懈怠，结果证明“完美”的状态很难达到，我们想做到十全十美根本是比登天还难。

这里是写给知足常乐型的女性三段话：

长期以来，我一直不愿意接受一个事实，那就是我给自己制定的人生标准根本无法达到。后来我终于肯面对现实了，于是我决定必须改变自己的人生标准和思维方式，否则我的婚姻都会岌岌可危。

我已经开始尝试着过一种跟之前截然不同的生活。当然我并不是要做出多少另类的事情来让自己的人生与众不同，而是把更多的精力投入到孩子们身上，多花一些时间陪伴孩子们，不过跟孩子们相处的美好时光总是感觉过得特别快。

我已经试着放弃了一点儿花在家务劳动和工作上的时间，让自己在家庭和工作两方面都稍感轻松一些。在最初几天我还有点不适应，感觉自己在家庭和事业上都做得不够，在两方面都心存遗憾，只是我因此而拥有了些许属于自己的时间。但是当我坐下来静静地思考，深思熟虑之后我就释然了，我认为自己的决定是正确的，我更享受现在舒适惬意的生活。

需要说明一下，本书中提到的一些观点以及从调查研究中归纳出的结论并不适用于所有的职场母亲，而且很多知足常乐型的女性也经历过一段暗无天日的生活，为了工作和生活忙得四脚朝天，精疲力竭，因为她们也一度十分坚持完美主义的人生信条（贝基也曾经是个追求完美的人，在撰写本书的时候她还在辛苦劳作，挣扎在事业与家庭之间）。本书中提到的那些接受采访的女性并不能简单地归入某种类型的人群，因为她们每个人的生活轨迹都不相同，每个人都处于不同的人生阶段，而且她们对“成功”的定义也有着许多不尽相同的方式。

有些特别有先见之明的女性基本没走什么弯路就选择了“新知足常乐”的生活理念，她们把哲学的思想渗透于生活之中，懂得什么叫“适可而止”，知道什么时候该放松自己。但是我们当中绝大多数人都是经过了摇摆不定的痛苦抉择才最终接纳了这条正确的人生信条，确定了属于自己的人生方向。尽管我们的人生之旅包含了许多阶段，“知足常乐”的生活理念需要接受不同人生阶段以及方方面面的考验，如怎样做一个好妈妈，怎样经营好婚姻，怎样教育后代等，本书在后面章节里会一一提到，但是我们一般情况下还是从同一个出发点来展开论述：搞清楚怎样对待工作的问题。

## 寻找跳跃的勇气

当利比·温莎就读于位于匹兹堡郊区的马卡姆小学时，她还不过是个稚气未脱的小女孩，那时就已经被灌输了这样的思想——“你要有雄心壮志，将来要从事不同寻常的工作，做一个杰出的成功人士”。她还记得自己5岁的时候在父母的陪同下去匹兹堡黑豹队的足球赛场上当足球宝贝的情景，从那时起她就暗下决心，长大了要成为一名金牌女指挥，穿上活力四射的短裙，手举闪亮的指挥棒，头上还扎着亮晶晶的蝴蝶结。

她的父母问道：“为什么不考虑当个医生或者企业老总呢?”

利比从父母那里接受的教育信息就是一定要努力做到最好。从小学开始利比就努力学好每一门功课，成绩永远是优秀，常常在各种考试中大获全胜。但是在她11岁的时候出现了一个小的“人生低谷”，由于她的失误没有在代数课的考试中拿到最高级别，这让她幼小的心灵备受伤害，她觉得自己真是个彻底的失败者。

于是利比为了实现自己的远大理想更加坚忍不拔地努力克服各种困难：她在凯尼恩学院艺术史专业的综合入学考试中发挥出色，她的教授评价她是校园里最出色、最完美的艺术史专业的学生，从波士顿大学法律学院毕业时获得好评如潮，然后开始就职于全国最棒的精英律师事务所。

但是现在的利比遇到了一个人生中前所未有的难题，她头一次发现自己的聪明才智竟然也有解决不了的问题：到底该怎样平衡好工作与家庭的关系呢？她既想保持强大的事业心，应付无休止的工作，又想在丈夫本面前当个好妻子，在儿子威廉和安德鲁面前当个好妈妈。这二者之间的关系该怎样处理呢？

伊丽莎白·利比·温莎，黎巴嫩裔，34岁
受雇于全球著名的律师事务所
宾夕法尼亚州
威廉和安德鲁的母亲

为了让自己在各方面都能做得十全十美，我经常感到压力重重。其实我并不仅仅是为了追名逐利和证明自己的能力才拼命工作的，也是因为父母在我身上投入了太多，我不想让他们失望，所以我绝不能那么轻松地放弃工作，潇洒离去。

自从我毕业于法律学院并且谋到了一份联邦书记员的职位，我就意识到自己将会拥有成功的人生，名利双收是早晚的事，而且我觉得生孩子在自己的职业领域内是件可怕的事情。我甚至在访问一位波士顿著名企业的成功女性时光顾着问她关于如何平衡自己的事业与家庭了，把自己该问的问题都给疏忽了，结果搞得那次采访很糟糕。

我从未想过自己要做一名全职妈妈。自从我生下了威廉，抱着他走在路上，人们不再对我的职业感兴趣，不会再跟我谈论职业话题，顿时有一股莫名的失落感从我心底油然而生。所以我生下威廉以后回到原来的工作岗位，继续我的律师生涯，我并没有产生多少愧疚感。事实上我在重归职场后反而有些许的放松，我觉得自己还没有因为生孩子这件事被击垮，我的职业生涯还没有结束。有时候听威廉在后院里唱着歌，而我就为了去工作而不得不叫保姆来陪他，心里也会掠过一丝丝的悲伤，但是并没有很多愧疚感和负罪感。

但是自从小儿子安德鲁出生以来，一切都变了。只要我去上班了，威廉就很抓狂，可劲儿地搞破坏，把家里搞得脏乱不堪。在我下班回家踏入家门的一瞬间，甚至还不等我把包放下，他就带着无限焦虑的神情扑到我怀里、把我黏住了，无论我怎样挣脱都无济于事，简直就是块狗皮膏药！怎么我自己的孩子看上去这么陌生呢？威廉还会在半夜醒来爬到我身上，坚持让我搂着他睡觉。威廉的表现让我感到很是吃惊，我本以为自己的工作已经回到正轨，但是我心里也明白，其实我必须还要为孩子做点什么。

利比描述的自己所面临的苦恼与困惑在当代职场母亲们中间十分普遍——因此也让那些试图从永不满足型转向知足常乐型的女性感到困难重重。美国历史上的事业型女性无论是在受教育程度还是在经济实力上都占据了重要的位置，她们把事业看得高于一切，根本不会做过多的人生思考。在过去的几年中，我们这些伟大的女性几乎占据了法学院和医学院一半的入学名额，而且还赢得了大约40%的MBA学位。这样的高学历成为了女性事业获得空前成功的敲门砖。实际上，截至2007年，美国有将近四分之一的妻子在收入上超过了她们的丈夫。

然而，这种事业上的成功恰恰是我们女性朋友们内心冲突的根源。像利比这样的女性，因为接受了良好的高等教育，有着体面的工作，也该适当享受前期投资带来的回报了，她在当了妈妈以后就想着尽量不要把全部精力都投入工作，也要留一些给家庭。2007年，也就是在利比生下大儿子后的第二年，差不多有63%受过大学教育的女性在当了妈妈以后还在坚持工作。她们中的很多人不仅习惯于在工作上争强好胜，追求完美，而且还给自己立下了要当“超级辣妈”的目标。她们用专业的育儿知识武装自己，挤出时间制订育儿课程，像游泳、音乐、舞蹈等课程一样都不能落下，还要带孩子定期参加游戏小组，每天为孩子特意制作蛋糕（不能放花生）。当妈妈们回归工作岗位后，还想继续执行在家里制定好的育儿标准就难了，有什么办法呢？默认的解决方案只有一个：那就是只能多辛苦一下啦！

## 一条曲折之路：对“成功”重新定义

如果没有地图的指引，我们怎样才能走到目的地？估计只能像无头的苍蝇一样到处乱撞了吧。对于如何平衡好事业和家庭的问题，我们的母亲也无法做出回答，因为她们在生下我们之后既没有辞掉工作，也没有全身心地投入工作。作为公司雇员，她们也很纠结，总是以三心二意、得过且过的态度应付工作，不做长期规划，只是被动完成眼前的工作也不太妥当。实际上，霍利生下基甸以后考虑自己该怎么办的时候，突然很惊讶地发现她所在的律师事务所竟然没有关于兼职的相关政策——这是在2003年。霍利是事务所里200多位律师当中第二位协商要求按照兼职时间表工作的女性。

“我真的是挑战传统的革命者吗？”霍利有点迷茫了。“还有没有可能再出现一位跟我一样的职场母亲来企图向全职工作宣战？我是不是选择了一个艰苦的职业，让我无法兼顾事业与家庭？那为什么从我学生时代开始就从未有人跟我提到过这个小问题？当我在法学院苦读的时候我也没有想到将来会有这样的两难问题出现啊，为什么不仅没人给我提供合理化建议，而且还阻碍我做出正确选择？”

不，我们在工作中是找不到答案的。

不管怎么说，我们既然选择要做一名伟大的母亲，并且开始针对现实情况制订工作计划和育儿计划，我们的人生就将翻开崭新的篇章，而且会理解和继承很多上一辈人传下来的思想观念。我们像个傻瓜一样在公交车上也不忘工作，把工作日未完成的事情带到周末继续做，回到家还要直奔信箱去查收塞得满满的育儿资料。每个来到世上的新生儿都是妈妈们的一位新朋友，我们会情不自禁地为之焦虑：我们为了这个宝贝到底该做点什么呢？当代的时尚辣妈们也仿佛处于同样的迷惑之中，也许每个人的忧虑各不相同，就像处于同一个大迷宫之中的不同位置——有人选择干脆辞职回家专门带孩子，有人一直犹豫不决无法做出选择，为了照顾孩子把手头的工作一拖再拖（祈祷着能侥幸敷衍过去），有些人在找到了理想的保姆或把孩子送到合适的日托机构后全身心投入了职场。我们首次面对着这样一个复杂的问题，于是很难找到一条十分清晰的解决思路。

自从贝基生下了大女儿之后，她花费了差不多一年的时间跟另外三位新妈妈一起向编辑部争取有利于自己的政策（贝基已经成功地利用单位的政策办理了一年的停薪留职）。首先，贝基和另外一名记者试图通过谈判赢得二人共同承担一份工作的机会，但是遭到了无情的拒绝。然后她又试图当一名兼职记者，结果因为前面提到的挂念家中宝宝吃的鳄梨和等待宇航员回电话之间的矛盾而最终导致她精神崩溃，在仓促决定辞职之后，她又花了一个多月的时间才痛下决心付诸行动，将辞职的想法告知了她的老板——唐，一位深受她尊敬的老编辑。贝基需要制订一个切实可靠的行动策略，所以她建议老板允许自己在家中工作，担任报刊的顾问。这只是一项临时工作，她的重心还是放在照顾和教育孩子上，结果她也没有如愿以偿地让老板接纳她的策略。贝基自认为她已经做了所有该做的事情——跟其他女性一样把工作完成得很好。而且贝基绝不会对自己的报刊编辑部有任何怨言，她的老板也是个和善的、值得尊敬的人。但是要解决好家庭和事业的关系并不像去商场买衣服一样，可以买到唯一的最合身的尺寸。贝基已经意识到自己确实该写写属于自己的人生经历，写写自己理解的“成功”的定义。

* * *

当我们踏上了这条艰辛曲折的道路，就深知走到胜利的终点并非易事，我们不顾一切地奋勇向前，努力寻找解决问题的最好答案。我们采访的有些人的确做得很好——只是有些人而已，像金伯利·奥斯特·霍尔斯坦就是这样一位心态平和、生活幸福美满的女性，她的生活节奏不紧不慢，抬头是云淡风轻，低头是细水长流。金伯利生了三个孩子，还和丈夫斯科特创办了一家美味饼干公司，他们在1995年举家迁到了位于芝加哥的公寓中居住。金伯利的生活真正诠释了她的梦想——独立自主，自由自在，激情满怀，而且她感觉到了实实在在的幸福，这种幸福感特别有感染力。

金伯利的事业是成功的，凭着一份从容，她和先生斯科特的美味饼干公司已经办完了周年庆典，资产达到了一千至一千五百万，公司的员工也超过了七十人。公司生产的美味饼干在芝加哥当地的咖啡馆里销量很好，而且在美国其他州县超过五千家的杂货店里都可以见到，甚至还走出国门，走向了全球市场。尽管金伯利在公司事务上投入了很多时间和精力，但是她并没有像其他女性一样感到心力交瘁、疲惫不堪。她充分发挥自己的特长和优势去面对每一天的生活，善于从一些简单的事物中寻求乐趣，像哄孩子入睡，参加女童子军的活动，或者送孩子上学的路上聊一些不寻常的话题等。事实上，金伯利喜欢把她的工作日程表描述成“一份充满创造力的全职工作”：因为她的生活画卷是由许许多多细碎的画片拼凑而成的，这很难用传统的观念进行定义。

表面看来金伯利的生活是如此轻松，几乎到了完美的状态，其实她之所以能获得成功，在一定程度上还是因为她是从追求完美的反方向入手的。

**金伯利·奥斯特·霍尔斯坦，43岁**
**斯科特美味饼干公司总裁，首席执行官**
**伊利诺伊州，维尔梅特**
**索尼娅、丹妮拉和艾登的母亲：**

你不可能把所有的事情都做好，达到百分之百的完美是不可能的。

我们要学着接受一个不完美的自我，要热爱自我——这关乎一种生活的态度，关乎如何走好自己的人生之路。其实我也曾经努力追求完美过。

我根据自己真正的需要来安排各种事物的轻重缓急。对于做饭这件事情我一向不太自信，甚至有点恐惧——所以我宁可让保姆给我的孩子们准备一顿健康美食，也不愿意自己从单位冲回家匆忙准备一顿粗糙劣质的晚餐。我可不想当苦行僧，而且我也不会试图把自己塑造成一名全能的超级辣妈。

很多时候我并没有做多少伟大杰出的工作，也没想兼顾所有事物，但是我觉得生活很幸福，很享受我的快乐人生。

几乎所有接受我们采访的妈妈们都承认自己为了照顾家庭而多少付出了一点代价——这也算是一种公平交易吧。有的妈妈牺牲了挣大钱的机会——放弃现有的优厚待遇而去找了一份轻松的新工作或者做出更灵活的安排。对于很多人来说，不仅是钱的问题，还有比金钱更重要的声望问题，少了在工作中赢得的肯定与赞誉比干瘪的钱包更让人备感惆怅。在生宝宝之前，我们这些职场女性主要用工作上的成就来诠释自己的成功人生，但是现在我们更希望在家庭生活中做一个成功的母亲——当然不能完全丧失自我。

霍利是在大儿子基甸未满一岁的时候换工作的。其实她在生孩子之前也没有把律师事务所看作是适合自己的工作单位。霍利在律师事务所工作总是被压得喘不过气来，感觉度日如年，好像要熬不过去了一样。但是当她决定逃离现在的律师岗位，用一种学术的眼光来看待工作——以缩水50%以上的收入担任一名低级讲师时，她还是感到些许不安。

“肯定每个人都会觉得我离开律师事务所是发疯了。”霍利这样想。在她去律师事务所上班的最后一天，她的老搭档热烈祝贺她开始走“好妈妈路线”了，但是当她到了新的工作单位，好几个新同事都持相反意见，认为她放弃律师职业是大错特错了。霍利还遇到一位教计算机课的副教授，他很直接地问道：“你真的放弃了月入六位数的律师工作而来西弗吉尼亚州教法律写作课?”还有另外一位新同事向霍利做了自我介绍之后摇着头说，凭霍利的能力与水平做现在的工作真的是大材小用了。

同事的看法给霍利徒增了不少烦恼——说实话，她感觉自己在同事眼里有点愚蠢，但是她只能硬着头皮面对，她告诉自己，既然已经做出了选择，那就义无反顾，只能前进不能后退。她是个28岁的新妈妈，因为有了宝宝就必须要调整自己的人生规划，在孩子们小的时候应该适当变换一下职业，不能按照原定的职业规划去职场拼杀了。

## 学会在人生舞台上频频换装

时光飞逝，斗转星移，科技在发展，社会在前进，广大女性朋友们已经跨入了崭新的时代，越来越多的职场女性开始秉承“新知足常乐”

的生活理念。在对职业进行反思的过程中，我们逐渐明白了自己真正需要的是什么，而不仅仅把注意力放在“我们应该需要什么”的问题上。毕竟我们的工作不是人生的全部，我们的生活其实是一种复杂的平衡状态，这一点在我们的调查问卷中体现得很明显。许多接受我们调查访问的女性朋友都很纠结于如何平衡事业和家庭的问题，很多人发现除了减少投身于工作的时间以便更好地照顾家庭也别无他法；很少有人能提前做好理性规划，在事业与家庭之间找到平衡点；甚至还有些人为了解决这一问题而在事业上做出了极大的牺牲。

其实“知足常乐”就是一种生活态度，它包括了你对工作、婚姻、生儿育女等问题的看法，甚至还包括我们怎样运用新技术来解决生活中的问题，怎样给“成功”一词重新下定义，思考是什么让我们真正感到幸福快乐。知足常乐的生活态度为我们提供了一种更轻松的生活模式，让曾经拼命追求完美的我们逐渐能够接受在把一件事做到尽善尽美之前可以再去做下一件事（贝基就非常受不了脏乱的厨房，所以她必须在出门上班前把家里的厨房清理得一尘不染才行，因此她对于知足常乐的理念所提倡的不必追求完美的生活态度十分纠结）。

但是我们新时代的女性需要在生活中扮演各种角色，就如同在舞台上表演芭蕾一样，需要不停地更换服装。以霍利的生活轨迹为例，她在冲到学校上班之前扮演的是母亲的角色，到了课堂上扮演的是教授的角色，到了下午又成了作家，晚上回到家里是以妻子的角色准备晚餐。从早到晚她依次扮演了母亲、教授、作家、妻子四个角色，成功地把这四个不同的角色整合到自己一个人身上。我们抨击把工作当成人生全部的生活理念，不要整天追求每件事情都做到尽善尽美。我们每天的生活不应该从进入办公室开始，到离开办公室结束，我们不应该把扮演“母亲”

这一角色的时间压缩到只有短短几小时。我们什么时间去游泳没必要让自己的客户或者病人知晓，甚至连合作伙伴也没必要知道。我们需要认真做好自己的工作——但不必疯狂地追求完美的工作成果。完美的工作成果有那么重要吗？其实真的不必太看重这一点。我们真正应该关注的是怎样最大化地利用有限的时间，把平时浪费的细碎时间积攒起来，把这些时间用在我们真正喜欢的事情上。

是的，我们在舞台上展现舞姿的过程有时的确很辛苦，会搞得我们疲惫不堪。但是这个过程也可以充满激情，尤其是当我们真正感受到满足与成功时，感受到命运握在手中的踏实与安慰时，更是令人兴奋不已。毕竟是我们主动选择了牺牲某些东西，我们是根据自己具有创造性的判断力来做出选择的。

霍利在装修位于二层的家庭办公室时，特意增加了两样不同寻常的设备——洗衣机和烘干机，这让她的闺蜜们羡慕不已。起初她还担心增加这两个机器会不会破坏整个办公环境，但是很快她就适应了一边看着两个机器运转一边处理法律文案，这真是应了那句“一石二鸟”的古话，霍利用实际行动诠释了什么叫作“一举两得”。就好像在舞台上更换演出服、表演舞蹈一样，霍利在工作时间能同时扮演两个角色——洗衣服的家庭主妇和法学教授。

当然，秉承“新知足常乐”的生活态度并不是简单地在家庭办公室内增加几样设备，也不是仅仅把工作辞掉，给每个孩子按比例减少到三个业余兴趣课程。为了充分理解“新知足常乐”的含义，我们必须理解作为新时代的女性，自我定位是怎样的，我们从哪里来，从前辈那里继承了多少传统又取得了哪些进步，过去多年积淀下来的传统价值观和思维方式对我们而言既是一份宝贵的精神财富，又是一个有难度的挑战。

GOOD ENOUGH IS THE NEW PERFECT

# 第2章 继承

- 如果你仅仅因为当下的困难而放弃了自己喜爱的东西，那么你可能会错过人生的美丽大画卷。
- 在你做出选择时要充分考虑历史传统因素——但不要让内心深处的愧疚感或其他女性的选择影响到你自己的决定。
- 你可以获得所有你想要的东西——但不是在同一时间。
- 愿意做出决策。

# 第2章 继承

霍利慵懒地躺在毛茸茸的棕色地毯上，嘴里跟着唱片机里放出的《自由自在》这张专辑哼唱着："妈妈就是陪伴孩子的人，妈妈年轻的时候是小女孩……"

那是1981年，罗纳德·里根就任美国总统，桑德拉·戴·奥康纳成为美国历史上第一位最高法院的女法官，"哥伦比亚"号成为第一艘成功进入既定轨道并按时返回地球的宇宙飞船，涅瓦·洛克菲勒成为第一个支付赡养费的女人。

霍利那时候才7岁，是一个喜欢音乐的女孩，她可以连续几个小时一直陶醉在《自由自在》的乐曲中。而她的母亲于1970年毕业于一所女子大学，坚决反对买这种宣扬女权主义的音乐专辑。跟很多其他的同龄女孩一样，霍利之所以会买这张专辑的原因很简单，就是因为马洛·托马斯——这位深受广大女性朋友喜爱的电视明星是女士基金会项目的形象代言人。

霍利的房间布置得非常舒适惬意，她靠在暖暖的壁炉旁，紧紧地闭上眼睛，努力想象出一幅美好的画面，画面中是一片广袤的土地，有许多条潺潺的河流自由地流向远方。在霍利想象的世界里，女人不需要结婚（就像《自由自在》歌曲里的那个小公主的传奇故事一样），而且也不必在意自己是否长得漂亮（尽管霍利心里很清楚马洛·托马斯是个在意女性外貌的人）。

有些妈妈是大牧场主，或者诗人，或者医生，或者教师，或者清洁工，或者面包师。

有些妈妈是出租车司机，或者电视歌手。

噢，妈妈们可以做任何想做的事情。

霍利微笑着，她的未来亦是一片广阔的天地。

* * *

贝基那时才9岁，正在努力为她未来的报社记者的工作打基础呢。

每到周末，贝基会尽量说服父亲带她去参观位于纽约的《联合时报》编辑部，拜见报社的主编罗彻斯特尔。贝基非常喜欢油墨的味道，每次踏进编辑部所在的写字楼，迎接她的都是扑面而来的墨香味，那是一种老式印刷机印出的新鲜报纸散发的迷人味道。这里不仅有好闻的油墨味萦绕左右，而且还有来来往往的报刊记者们在高谈阔论，即便是在周六，编辑部也热闹非凡。如果幸运的话，贝基的父亲还会把她放在一台金属电脑监控器前面，面对黑色的荧屏可以在上面敲出若干橘红色的文字。贝基经常反复敲打自己的名字“贝基·博普雷”，这是她在给新闻报道署名呢。

一个周六，贝基又来到了编辑部，她小声地问父亲：“嘿，爸爸，你看这个怎么样？”

原来是贝基在父亲的指导下给自己刚刚死去的小仓鼠奥托写了一份讣告。“‘我们把它埋在后院里，希望它变成天使飞向天堂。’爸爸您看用这句话结尾如何?”

贝基的父亲拉里满意地点点头，带着她走进排版工作室，把这份讣告打印了下来。

那时贝基虽然才9岁，但是在她的脑海里已经明确了两件事情：第一，她长大了一定会成为一名报刊记者；第二，她将来某一天也会有自己的女儿。

是的，贝基是完全正确的。事实上，大约13年以后，贝基已经在当年打印讣告的地方不远处有了属于自己的办公桌，而且从那时算起，12年以后贝基已经有了两个女儿。可是她没有预想到的是，她不知该怎样同时兼顾自己的办公桌和两个女儿。

＊＊＊

当还是小女孩的时候，我们的确非常单纯。跟前辈们相比，我们更加坚信自己可以做任何事情。20世纪70年代中期出生的女孩们与20世纪初出生的女孩相比，有多于三倍的人从事了跟父亲相同的职业，对于当今时代的女性而言，这并没有什么大惊小怪的，也不是什么遥不可及的事情，我们完全可以追随着父亲的脚步走上属于自己的职业道路。在妇女运动大潮的推动下，我们这代人接受了妇女运动的慷慨馈赠，成为第一批受益者。孩提时代的我们也许还不能理解本书第9章提到的种种优势，比如，我们可以跟男孩一样接受公平的公共教育，包括参加体育活动；拥有了投出反对票的权利，使得我们更容易推迟生育时间；获得了更多的晋升机会，女性也可以进入公司董事会和政府部门办公室工作，还可以坐在电视节目主持人的位置上。但是我们心中已经荡起涟漪，或者说是孕育着一场海啸——翻天覆地的改革是迟早的事。

从小到大，我们头顶上一直有一块玻璃天花板，虽然已经布满裂纹，但是我们一直在其下面成长，这块玻璃天花板就是传统的教育观，不断传递给我们的信息就是：“你能成功，你必须要成功。”这种自我暗示的效果非常强烈，就像震耳欲聋的雷声，一阵一阵地响彻天空，把世俗观念不断传输到我们的身体中，深入骨髓。

随年龄日益增长，我们开始背负着长辈们的期望和传统世俗的观念，违心地接受很多自己并不愿意承担的责任。在我们所处的时代涌现出了大量在单亲家庭或双职工家庭成长起来的孩子。我们的妈妈们有很多都把最大的精力投入到了工作上，然后下班后再立刻投入到繁重的家务劳动中，晚上还要充当孩子的保姆。

我们的母亲也有选择辞职回家当全职妈妈的，或者换一份更加轻松的工作以便把更多的精力放在家庭上面，她们更看重母亲这一角色，认为陪伴我们成长是人生中最重要、最开心的事情。尽管选择了放弃事业、回归家庭不过是变换了对待生活的态度而已，但是我们还是不时为这些妈妈们感到丝丝不安，不知她们的选择会不会导致其走向精疲力竭或踌躇迷茫呢?

突然之间，我们发现自己已经老了，事情远没有我们想的那么简单。

**珍·坎特，38岁**

**保护受虐儿童的儿科医师，教育玩具公司的老板**

**韦斯切斯特县，纽约**

**两对双胞胎的母亲**

由于我的父母离异，所以我只能看到母亲一个人整日辛苦劳作。我真心希望自己别像母亲一样忙得四脚朝天，连属于自己的时间都没有。

为了让母亲省心，也为了我的将来不要像母亲一样忙成这样，我在各方面一直表现得非常出色，总是能获得出人意料的成就。当我慢慢长大，也有了自己的家庭和孩子，我希望我的孩子们拥有一个无忧无虑的童年，有一对相亲相爱的父母以及和谐美满的家庭氛围。

儿子，我的孩提时代跟你是完全不一样的……那时我只知道如果我能足够努力，将来就不会像我的妈妈一样承受那么大的压力。

孩子，你是知道的，我在家里真的非常开心，我从来没想到自己能拥有一切想要的东西。我按部就班地根据自己设计的人生规划得到了自己想要的东西，但是我的确付出了艰辛的努力。

在残酷的现实面前，简单淳朴的生活态度是行不通的，我们开始给自己勾画人生蓝图，把自己所有想要的和不想要的东西制作成一个列表，不管是嘴上说出来的，记在纸上的，还是潜意识里的，都没有关系，通通可以纳入这个列表。当然，列表中的条目不需要有太多详细的信息，只是简单的列举而已。日复一日，年复一年，我们的人生列表越来越长，因为我们从小受到的教育就是要坚信自己能够通过努力来赢取所有自己想要的东西，结果呢，突然之间我们发现自己想要的东西竟然如此之多！

我想成为一名律师，医生，消防队员，记者，企业家。

我想坠入爱河。

我想拿工商管理硕士学位，法学博士学位，医学博士学位，哲学博士学位。

我想结婚。

我不想靠丈夫养活。

我想要几个孩子，还要为孩子们烤饼干，当足球教练。

我想当一名首席执行官，股东，编辑，老板。

我想在孩子们放学以后就立刻回家陪伴他们。

我想赢得尊重。

我想体味人生的乐趣。

我想拥有纤细苗条的身段和美丽的面孔，还有许多酷酷的鞋子。

我不想让别人根据我的外貌或我的手提包的价格来评价我这个人。

我想做一名成功人士。

我想快乐。

这些列表就像一顿丰盛的自助餐，太多选择了，让我们很是头疼，同时也激发了我们的斗志，我们要理智地对待，争取通过自己的努力将其一一实现。我们的前辈留下来很多东西，但是我们需要区别对待，通过理性分析来确认哪些值得继承并发扬光大，哪些需要摒弃或改进。就像是一个玻璃柜里原本摆满了沃特福的瓷器，后来又塞进了一系列皇家道尔顿的瓷器以及我们祖母的老式利摩日瓷器，这下玻璃柜变得无比绚烂了，各色瓷器济济一堂，真是酷极了，就是有点超载了。

不管怎样，我们已经下定决心要努力赢取所有自己想要的东西。但问题是我们不能把每一件事都做得尽善尽美。所以我们只能牺牲一部分照顾孩子的精力来应对职场上的惨烈拼杀。然后我们逐渐把工作的事情边缘化，让工作成为我们的副业，这样我们就能凭着伟大的母性勇往直前，超越他人，赢得奥运会比赛的入场券都没问题。

不必过于紧张，每个人都意识到这个问题了。

随着时代的发展，社会的进步，人们在孩子身上的花费越来越多，而且许多职场女性都倡导当“丁克一族”，为了获得事业上的成功而选择不要孩子的女性越来越多。很多第二次世界大战后生育高峰出生的人都推迟了生孩子的时间，他们把生孩子看成是一项巨额投资（风险还不小呢），到了我们这一代还依然在延续这种错误的生育观念。工作生活政策研究中心创始人西尔维亚·安·休利特在她2002年出版的著作《创造新生活：职场女性与儿童需求》中写道：

今日年轻女性的境况（包括可供选择的生活方式）都有了极大的改善，这是我一直关注的问题。她们认为当今社会的职场人士更具有包容性和适应力，男性也更支持女性的选择，很多女性可以在40岁以后生孩子……但是这样就能保证我们的人生充满自信和阳光吗？我并不这么认为。

当宝贝儿们呱呱坠地，很多忧虑和问题就相继而至了。首先，双胞胎和三胞胎越来越多，多胎妊娠容易引起很多并发症，母亲的生育风险也大大提高，高龄产妇的产后护理问题也很复杂，这一系列问题为人所诟病。

接着让我们再来关注一下为了孩子选择辞职回家当全职妈妈的伟大女性吧。她们的选择也算是一种“变革”了。突然之间，曾经把事业搞得风生水起的女人们可以在工作日的下午去观赏孩子们的跳伞表演了，她们又是鼓掌又是欢呼，发自内心地为孩子们感到高兴。她们可以从容优雅地到星巴克里给孩子喂奶，而不必像在工作时跑到库房或洗手间去挤奶。她们的毕业证和学位证已经束之高阁，落满了尘土。现在她们扮演的是“直升机母亲”的形象，每天绕着孩子飞来飞去，生活的重心就是孩子的教育问题，自己一分钱也不赚。

甚至在热播剧里的职业女性也开始放弃自己的事业回归家庭了。像收视率极高的《欲望都市》里的夏洛特·约克就在婚后辞去了她喜爱的画廊工作。“我们新女性运动的核心就是关于选择事业还是家庭的问题，”夏洛特对她的好友米兰达（一个工作狂，律师）说，“这就是我的选择。”

下面呈现的一系列数字可能会让你惊讶得掉下巴：经过20年的增长，已婚女性在升级为母亲以后还能继续参与工作的比例竟然开始一路下滑。辞职回家当全职妈妈已经成为新的潮流和发展趋势了吗？1997年，有近71%的受过高等教育的职场女性在生完宝宝之后继续工作；到了2004年，这一比例已经降低了11个百分点。尽管有人说这个变化的原因更多是与2000年的经济萧条有关，而不能仅仅把原因归于社会转型时期对母亲这一角色的要求发生了变化，但当前有越来越多的职业女性选择辞职回家当全职妈妈是无可争辩的事实——第二次世界大战后生育高峰出生的女性对此还有话要说呢。

这一离开职场回归家庭的趋势在2007年的畅销书《女性的错误》中遭到了批判。作者莱斯利·班尼特在副标题中提出一个问题："我们是否放弃了太多?"于是我们这一代当妈的陷入了迷惑——就像我们已经继承了前辈们传下来的古老瓷器，又马上将其扔进地下室的角落里一样。

我们是这样的吗?

在这个混乱的社会转型期，甚至可以说是危机四伏的年代，很多前所未有的新事物和新情况凸显出来。在第二次世界大战后生育高峰中出生的人的女儿们也开始为人母了，三代女性的梦想交织在一起。我们一直在思考自己到底需要什么，并且制订详细的计划去努力得到自己想要的东西。我们的期望与理想也发生了变化，因为我们在不断自省的过程中扪心自问："拥有全部想要的东西到底有多大意义?"在这个过程中我们丢弃了很多自认为无用的东西。逐渐地，"知足常乐"的生活态度开始出现了，因为我们逐渐明白了自己多年以来苦苦追求的东西根本不可能全都纳入囊中，实际上我们无法得到所有想要的东西。这跟传统价值观是完全相悖的，我们已经卸下了传统观念束缚在身上的桎梏。

从某种程度上说，今天的我们拥有了更多东西。

前面提到的生活态度的转变是一种创新，也没有引起社会的巨大反响。“新知足常乐”的理念在很多情况下是源自人们的极度焦虑感。我们当中的绝大多数人都没有意识到这种生活态度的转变会指引我们走向更大的成功——我们只是希望尝试做好每一件事而已。我们曾经试图用毕生的精力来考虑如何继承发扬女权运动的成果，事实上我们最终发现秘密就是“一切皆为偶然”。

我们其实也没有充分搞清楚自己是怎样结束了精疲力竭的状态，卸下了身上的重负，不明白自己为什么需要重新调整自己的人生轨迹。我们为什么要纠结于是否保护曾经代表着进步的女权运动的胜利果实呢？回顾一下我们曾经不堪重负的生活以及前辈们留下的各种值得继承的思想观点，也许我们会有新的思路，智慧的火花被点燃了。

## 两个贝蒂：女权主义时代的渴望

贝蒂·安·卢克曾经想成为一名律师。

不是简单地成为一名律师哦，而是要成为一名出色的律师，成为明星律师！她可以就读于著名州立大学的著名法学院，经过德高望重的评委会严格苛刻的审核，头晕目眩地拿到来之不易的学分。她深知自己具备成功者应当具备的所有条件。她聪明活泼，充满激情，而且有着强烈的创新精神。她还是一名了不起的作家，文笔很好，擅长表达自己的观点。阻碍她成为出色律师的唯一障碍就是她的父亲，因为她的父亲认为女性不应当从事律师这个职业。

这是20世纪30年代末期，贝蒂·卢克没有办法去法学院学习。

所以，她为现实所迫，收拾起自己的梦想，卷起铺盖跑到了伊利诺伊州西北部的一所小型女子学院读书，距离她在芝加哥的家有两个小时的车程。

由此拉开了个人理想追求和传统观念束缚之间斗争的帷幕，这段时间长达十年之久，贝基的祖母一辈子都活在这种斗争之中，与之为伍的还有无数家庭主妇们。以贝蒂·卢克为代表的有理想的女性，基本没有属于自己的思想空间，自主选择的余地很小，被外界赋予的期望和责任压得喘不过气来。她很想挣脱牢笼，卸下肩上的重担，寻找一种适宜的生活方式，享受自己微不足道的成功，但是从来没有真正了解她所做出的努力有多大意义。

那是一个对于聪明的女性而言十分不利的时代。1940年，大约有不到5%的25～29岁的女性拿到了学士学位，而当时有大约不到7%的男性拿到学士学位——在随后的二十年间，这个差距还在拉大。在20世纪四五十年代，进入大学读书的女性主要目的是为了毕业后能从事传统意义上适合女性的工作，比方说当个老师教书育人，还有一些女性进入大学的目的则只是为了寻找一个有着良好教育背景的丈夫，因此也有人戏谑地把这部分女孩拿到的学位称为“太太学位”。

贝蒂·卢克对自己的要求很高，仅仅拿一个学士学位还不能让她满足，所以她在罗克福德学院（曾称罗克福德女子学院）只待了一年。她说在罗克福德学院的日子让她备感压抑，简直像一座坟墓，她都要窒息而亡了。于是她强烈要求父亲准许她前往密苏里大学就读。

贝蒂的父亲拗不过她，终于点头同意了。父亲甚至同意让她攻读新闻写作专业，而且也不再阻挠她激情满怀地在大学校园里施展拳脚。她为校报写文章，参与学生会的工作，还被推举为女生联谊会的会长。

贝蒂·卢克在很多方面都是幸运的。她能够进入大学校园读书，并获得了学士学位，嫁给了鲍勃·哈弗菲尔德。他的母亲是一位女权主义者，是当地校董会的主席，而且在周日学校负责给有特殊需要的儿童授课，他在成长的过程中目睹了母亲了不起的人生，因此他对自己那充满激情、干劲儿十足的妻子也非常满意，并且为之感到骄傲。1942年，贝蒂大学毕业了，而鲍勃还在大洋彼岸的英国留学。贝蒂开始在两份医学杂志担任编辑，随后开始在芝加哥以外的郊区报纸担任执行主编。

与此同时，另一个叫贝蒂的女性正在为一本畅销书而奋笔疾书——她也是一位通过艰苦努力取得学士学位的知识女性，后来成为了职业作家。这位贝蒂比贝基的祖母小五个月，而且居住在离贝蒂·卢克家以南仅仅130英里远的地方。尽管这两位同叫贝蒂的女性从未相见过，但是她们身上却有着许多相似之处：两位女性都很聪明，而且有雄心壮志，善于表达自己的思想，对于想通过读大学拿一个“太太学位”的女性持不屑态度。贝蒂•内奥米•戈尔茨坦于1942年从史密斯学院拿到了学士学位，然后去加利福尼亚读了研究生，拿到了心理学硕士学位，在纽约当了一名记者。1947年，她与一位名叫卡尔·弗里丹的男士结为伉俪。

两位有思想有抱负的贝蒂都来自伊利诺伊州——一位受制于传统价值观；另一位则注定要成为一名女权主义的代言人。这两位都没有彻底脱离《无名的问题》中提到的女性受到的家庭和子女的束缚，她们渴望实现更多的人生价值，但是残酷的现实却让她们备感沮丧，不过贝蒂•弗里丹把这些问题都写进了自己的著作《女权主义的奥秘》(1963年出版)，她也因此书而名声大噪。

在两位贝蒂所处的时代，能进入大学接受高等教育的女性人数并不多，生儿育女，为了孩子的未来付出辛勤的汗水才是女性应该承担的最重要的责任，即使她们也取得了高学历，接受了良好的高等教育，在自己的工作岗位上发挥着才干，但是她们在职场的出色表现也只能在生完孩子以后戛然而止。贝蒂·卢克·哈弗菲尔德在1947年升级为妈妈，贝基的妈妈朱迪降生了。在1948年，只有17%的生完宝宝的女性还选择外出工作，像贝蒂·弗里丹这样在生完宝宝之后还依然坚持当自由作家的女性是少之又少。贝蒂·卢克·哈弗菲尔德就不是这种事业型女性。

贝蒂·卢克生了第二个宝宝，成为了20世纪50年代全职妈妈群体中的一员，她的生活目标就是全心全意打造幸福美满的家庭，空闲时间去桥牌俱乐部待一会儿，用洗衣机洗洗衣物等。可是她也时常感到困惑与迷茫。她可以办一场精美绝伦的生日宴，让出席者在半个世纪之后还对此津津乐道；她还满腔热忱地组织露营少女团的活动；她在地方委员会任职，服务于妇女团体，后来甚至还回到大学校园去拿了个硕士学位。

她有时会觉得自己很孤独，整天被这些事情包围着，总是渴望做这做那，不断想做更多的事情。但事实上她一点也不孤独。

这是贝蒂·弗里丹眼中的贝蒂·卢克，不只是贝基的祖母过着这样的生活，很多家庭主妇都跟她一样被各种事物缠绕得几乎窒息。弗里丹写道：

每一位市郊的家庭妇女都在现实中孤独地挣扎，她们负责整理床铺，去杂货店购买日用品，给家具搭配上家具套，陪孩子们吃花生奶油三明治，给童子军担当司机，还要在晚上陪伴丈夫进入梦乡——纵然有如此多的事物让她们忙碌，她们依然担心自己做得不够，还时常悄悄问自己：“全部的事情我都做完了吗？”

对贝蒂·卢克·哈弗菲尔德而言，她当然做得还不够，事实证明她还能做得更多、更好。1964年，她最终找了一份适合妈妈们的职业：担任一份全国性刊物《新月杂志》的编辑。她的丈夫把家中一间空余的卧室腾出来给她做办公室，她把自己攻读新闻写作学位时学到的专业知识在这份工作中学以致用了。她重新为刊物设计了出版基调，制定了新的出版标准，跟当时大学生联谊会搞的“小妹妹组织”宣传的歧视女性的论调坚决持对立态度。她拒绝为歧视女性的组织在杂志上做宣传。她执着地工作了十年，直到把这份全国性的杂志发展成为国际性杂志，并更改了名称。

1977年，在贝蒂·弗里丹创建了全国性的妇女组织之后十多年，贝蒂·卢克·哈弗菲尔德终于遵从传统的社会观念完成了她一生该完成的所有事情：她的儿子读了大学，她的女儿拥有许多她从未想过的美好梦想和人生选择，她的孙子孙女们终于从事了自己喜欢的职业。

第二年，她死于乳腺癌。

＊＊＊

贝蒂·卢克·哈弗菲尔德可能永远不会知道，她的人生在浩瀚的历史长河中也留了一些印记。

贝蒂·弗里丹和其他走在改革前沿的先锋们，如格洛里亚·斯泰纳姆，用更加公开外显的方式宣传自己的改革主张，写了很多让人大开眼界的著作，也发表了不少观点新颖的文章，还成立了全国妇女政治核心小组，带领广大女性朋友们抗议传统社会价值观对女性的歧视。

有相当多的家庭主妇们只是希望通过得到更多的东西来体现自我价值，点燃进步的希望之火，所以她们也孜孜不倦地致力于教育自己的女儿们也要像母亲一样努力争取更多的东西。她们认为自己得到的东西实在太有限了，所以不能让女儿们重蹈覆辙，她们一致认为应该让女儿们在成人以后有强烈的生活热情，去追求自己的理想，除了生儿育女以外还要成就一番属于女性的事业，而不要像自己的母亲一样沦落为一名只管洗衣做饭的家庭主妇——对于这个问题许多母亲都能产生共鸣。无论面临的问题是显性的还是隐性的，我们都会承认，都会面对，这也是推动改革者们前行的动力。

那么，这个问题对我们而言真正的意义是什么呢?

首先，沿着前辈们改革的步伐，我们应当接过她们手中的大旗，继承她们的观点，成为充满激情与活力的新时代女性。我们在传统价值观念的框架下往往选择为了孩子们放弃外面的工作，专心在家相夫教子，跟我们的祖母们一样选择了相似的人生轨迹。在某种程度上而言，就是这种传统价值观念促使我们一直向前进，让我们倾尽全力去追求万事尽善尽美。在有关“新知足常乐”的问卷调查中我们发现，差不多有五分之一的“永不满足型”女性认为自己有责任和义务去努力工作，因为她们的前辈就是这样，并且前辈们还是通过努力抗争才争取到努力工作的机会的呢（而持有这种想法的“知足常乐型”女性则只有“永不满足型”女性人数的一半）。

当贝基从芝加哥《太阳时报》辞职以后，她一想到自己的祖母，就时不时地会有一股愧疚感和负罪感从心底油然而生。她把自己的女儿起名为伊丽莎白·安，用了祖母的名字，以表达她对祖母的爱戴。贝基的祖母贝蒂肯定会喜欢贝基从事的工作，如果有机会，贝蒂肯定会在生完孩子以后继续工作的。贝蒂的梦想就是能在大都市的办公室里有一张自己的办公桌，为大都市的主流媒体工作，这是她莫大的荣誉。

“你真的辞职啦?”2004年贝基辞职，过了几年她跟一位老朋友打电话，这位老朋友惊得下巴都要掉下来了，“我真不敢相信！这不是你一直以来想要的工作吗?”

这时候，贝蒂祖母的脸又浮现在贝基的脑海里了，这让贝基感到有点忧虑：“我这么轻易辞去了祖母热爱的工作，是不是有点草率啊？”

还有许多女性与贝基的情况类似，愧疚感与焦虑感不时地出现，形成了一种历史传承下来的生活态度，阻碍着我们脱离传统价值观的轨道。我们不能忘却前辈们是怎样通过不懈的努力才为女性争取到工作权利的，前辈们留给我们的宝贵精神遗产我们无论如何也不能将其丢弃在历史的垃圾堆里。

那我们该怎么办呢？我们的母亲都是二战后生育高峰中出生的，如果我们忘却历史，肯定会遭到她们的谴责。

渴求社会变革的巾帼英雄们不仅激发了广大女性的斗志，我们的母亲由此学会了反抗传统，坚定地追求自己的理想，开始早早学着说出自己的观点，大声宣讲自己的人生观和价值观。她们在以男性为主导的社会领域内争取同样的工作权利，昂首傲然面对一切偏见和嘲弄。她们打碎了头顶上的“玻璃天花板”，拆除了传统价值观的桎梏，走上了一条前人未走过的新道路。她们是天生的革命者，希望得到人们的拥护，度过美好的人生，而且下定决心要实现母亲那一辈人没有实现的梦想，赢得母亲从未得到过的东西。总体说来，她们已经成功了，而且她们还让女儿们也传承了自己的想法。

愧疚感和鼓舞人心的精神——这是每一位母亲可以骄傲地让女儿继承的东西。

## 二战后生育高峰中出生的人：在不公正的社会领域中寻求平衡

大约在1972年的某一天，麦特·莱温，一个堪萨斯州的小城市日报的新手记者，参加了一个有关法医学的记者招待会，她需要了解有关尸体的真相。

这个故事虽然很恐怖，但却是典型的犯罪案例——在一个酷热的夏日，一具腐烂的尸体被发现藏匿于一辆轿车的后备箱里。这看上去像是一起处决型的谋杀。记者们把法医团团围住，发出了连珠炮似的疑问：死者是谁？他是什么时间死亡的？死因是什么？罪犯是用什么方式致受害者于死地的？

在记者招待会接近尾声的时候，麦特独自走向法医，希望再多问几个问题。突然一位侦探抓住了麦特的手，并且扭到了她的身后，“咔嚓”，只觉得有个冰凉的金属物扣到了麦特手腕上，接着侦探又把她扭转过来，抓住了她另一只手，“咔嚓”，明晃晃的手铐把她的双手都铐起来了。

“我们有样东西要给你看。”侦探悄悄说道。然后他把麦特带入了后面的房间。这个房间冷冰冰，一种奇怪的气味弥漫在房间里。不远处，一条长长的金属桌台上躺着那具尸体。侦探大笑起来。

麦特强忍着胃里翻江倒海的感觉，不断默念“我不能吐出来，我不能吐出来”。可是想呕吐的感觉却越来越强烈，她一阵一阵地反胃。麦特对自己说：“我绝不能表现出女性的软弱！”

她坚持住了。

对于麦特而言，这是个崭新的领域，她知道自己正在接受严峻的考验。她所在的报社以“没有设置女性版面”为由把她打发走了，接着她又进军了电视业，可是那时候还不允许女性从事电视广播业。1972年，全国记者俱乐部刚刚允许女记者加入还未满一年，国家电视台开始有了女性晚间新闻播音员，埃德娜·布坎南还没有成为迈阿密第一位女性罪案报道人。

不，麦特·莱温是不会吐出来的。

这就是二战后生育高峰中出生的女性们在职场上的初始状态，尤其是在以男性为主导的领域内，她们的确举步维艰。当她们升级为妈妈以后，像麦特，1975年生了宝宝，就开始努力在不公正的社会领域中寻求平衡了。

在1975年，女性的收入还不及男性收入的60%，而且很多行业都不接受女性工作者。那时只有23%的女性财务管理者，13%的女性内科医生，7%的女性律师和1%的女性工程师。

对于生完孩子的女性而言，进入职场打拼更是困难重重。但是无论有多少艰难险阻，都不能阻止二战后生育高峰中出生的女性在当了妈妈之后依然奔赴各自的工作岗位。在1976年，只有31%的女性在生完孩子之后选择继续外出工作；但是到了1984年，这个比例提高到47%；到了1988年，已经达到了51%。

麦特既要照顾孩子，又要跟随丈夫在各个城市之间奔波，所以她只能不断地工作、辞职、工作、辞职……她总结了20世纪70～80年代社会对于职场母亲的总体态度："如果你想去工作，可以，但是别想寻求任何的支持和帮助。"

职场母亲面临的障碍很多，社会对女性的性别歧视和不公正评判都是她们的绊脚石。她们需要用自己的努力来证明自己。不过她们突破传统观念的牢笼，没有选择在家相夫教子，则会被世人质疑母性的泯灭，从而导致她们时常感到恐慌，不时会扪心自问："我的选择到底是不是正确的呢？"

琳达·摩尔斯在20世纪70～80年代是普林斯顿大学的管理者和技术执行总监，同时也肩负着养育孩子的重任。她一直在事业与家庭之间挣扎："一直以来我都一而再、再而三地证明我自己，可是我从未成功地赢得世人的认可。"她女儿的幼儿园老师甚至曾说过这样的话："莫利这孩子唯一的问题就是她有一个在外面工作的妈妈。"

目前，琳达拥有的高端连锁店铺遍及曼哈顿、格林尼治、康涅狄格以及互联网。她回想起曾经的岁月总是喜欢洒脱地哈哈一笑。莫利也成长为一名乐观自信的女性，以经是两个孩子的母亲了，目前供职于克利斯蒂拍卖行，担任副总裁的职务。

**琳达·摩尔斯，67岁**

**企业家，曾任技术执行总监**

**纽约**

**迈克尔和莫利的母亲**

我是普林斯顿大学一所学院的副院长，也是第一个在行政办公楼里工作的女性。1969年，迈克尔降生了。我从来没有想过生了孩子以后我在职场上会何去何从，我也从未跟领导谈论过这些。

我就那么顺其自然地生下了迈克尔，然后我的秘书打来电话说："我们已经把你的东西整理打包了，你的劳动合同已经终止了。"

我的反应是："啊？我的天！太过分啦！"

在那一瞬间，我知道了我要为我的下半辈子考虑工作的事情了。

琳达给普林斯顿那边打电话，表达了自己希望继续工作的意愿，然后她回到了曾经的工作岗位。1975年，她为普林斯顿大学制定了一项给新妈妈的产假政策。

1975年，琳达举家前往纽约，她不得不重新找工作。"我绝不能让自己依赖别人而生存，”她说，“我不能迷失自我，能给我独立和自由的唯一途径就是让我做真正的自己。”

于是琳达开始凭借人际关系网络找工作，她参加了一系列的面试，结果让她很是郁闷，一个当了妈妈的女性要走向职场真是不容易。一个面试她的男人问道，是不是她的孩子们会因为见不到妈妈而产生精神方面的问题；另外一个面试官竟然要求琳达紧挨着他坐在沙发里，吓得琳达落荒而逃；还有一个公司竟然每天晚上7点给员工开会！

没办法，琳达只好去哥伦比亚大学当了一年的院长助理——她其实很讨厌这份工作。

最后，琳达加入了美国管理系统，并且在那里工作了25年，成为了副总裁，是领导层当中的一员，为一家资产数万亿的公司建立了信息查询系统。随后，她成为了一家公司的首席执行官。

“是的，我面临着种种偏见与质疑，”琳达说道，“但是我并不在意——甚至在某种程度上我还很喜欢听到这些。我就是不想扮演传统意义上的母亲角色，我很开心自己有能力实现自我。”

其实琳达一度也试图回家当一名全职妈妈，因为迈克尔曾经换上了脑炎。在他康复之后，琳达决定再也不出去工作了，他们全家移居到俄克拉荷马州。“我们想着可以全家奔向太阳下山的地方呢。”琳达一边回忆旧事一边笑个不停。

不过琳达的全职妈妈生活只维持了两个月。

事实证明，全职妈妈的生活很简单，就是把孩子们送到学校以后，开始给其他的妈妈们打电话，东拉西扯一番，或者查询一下训练课程的开课时间。

如果莫利也成为一名全职妈妈，那么我会觉得十分难受，在我看来，女性应该做点事情来体现自己的人生价值。

目前也存在跟传统观点相对立的生活方式。对女性而言，地狱般的生活可能会持续10年左右，在这段时间里完全没有自我。也许只有在上厕所的时候才能感到些许的独立感，有一点自己的时间和空间，当然你还要有足够的好运气能把厕所的门关上。

不过只要你敢于放弃这种生活，你就能够在很短的时间内改变自己，改变整个人生。

## 新的牢笼："我该怎样追求平衡的生活状态？"

到1995年，二战后生育高峰中出生的女性们的境况已经大大改善。男女性的收入差距在缩小，女性的年收入已经达到了男性的71%了。尽管还有某些行业拒绝女性进入，但是在各行各业崭露头角的女性已经越来越多了。现在有50%的金融管理者是女性（1975年仅仅有24%），26%的律师是女性（1975年是7%），24%的内科医生是女性（1975年是13%），8%的工程师是女性（1975年是1%）。

女性雇员们在职场上的发展已经遇到了瓶颈。当代的职场女性人数日益增多，从20世纪90年代中期开始，诸多女性在职场上叱咤风云，曾经羁绊她们的牢笼已被冲破，但是要想平衡好事业和家庭的关系似乎变得更加困难。尽管当代女性获得了更多的工作机会，有了更多的职业选择，而且选择的灵活性大大增加，但是阻碍女性自主发展的绊脚石依然存在，其中占据首要地位的当属沉重的心理压力，一种迫使女性疯狂追求成功的心理压力。我们听说的达到成功巅峰的女性越多，我们就越是感觉到压力重重。

更重要的是，我们背负的期望值越来越高，导致我们在生活的方方面面都超负荷运转，当然还不能忽视了养育子女的重任。在生孩子之前我们就已经知道照顾宝宝是一件劳神费力的大工程，当全职妈妈也不容易，但是我们依然选择生完孩子回归职场。我们用对待工作的态度对待母亲这个角色，无论在事业上还是在家庭中，我们都像上足了发条般地辛勤劳作，努力做到最好。

霍利从刚开始进入律师行业起就信奉完美主义的人生信条，希望在职场上做到事事成功。那时候霍利根本就没有想过如何平衡家庭与事业的关系，照顾孩子和忙工作的矛盾从未出现在她的大脑中——实际上她甚至都还未确定自己会不会要孩子呢。找到合适的对象结婚对她而言更像是一个颇具逻辑性的目标。霍利以拔尖的成绩毕业于西北大学，又在杜克大学拿到了法律学位，一直给自己定位于“凡事就要做到最好”。

但是当霍利进入了匹兹堡的大型律师事务所工作以后，她发现自己的女性同事很少，而且几乎没有当了妈妈的人。所以她缺少职场母亲的榜样，这点很是困扰她。她怎样才能扮演好要求苛刻的现代母亲的角色？而且她还想继续跟工作搭档共事呢。

贝基，跟霍利完全不同，她一直就坚定地认为自己应该拥有一个幸福美满的家庭。1996年，她是《底特律新闻》的记者，跟皮特已经订婚，当时他正在乔治敦大学读法律专业，并且即将供职于芝加哥的大公司。所以贝基面临的人生第一个大抉择就是：要为了家庭而离开底特律，还是为了事业孤独地留下来一个人打拼呢？

那时候，贝基的父亲是《辛辛那提调查》的编辑，也是贝基的职业顾问。有一天，贝基和父亲驾车前往辛辛那提的一家杂货店购物，在路上她问父亲自己到底能不能兼顾事业和家庭，把所有的事情都做得尽善尽美。

父亲拉里几乎是不假思索地给出了他的回答："不，基本上是不可能的。"

贝基听到父亲的回答以后像霜打的茄子一样蔫了下来，她一度认为自己通过艰辛的努力一定可以把所有的事情都做得尽善尽美，这一直是她坚持的人生信条。

"不过呢，"她的父亲接着说道，"如果你足够聪明勤奋，那么你更容易接近完美的目标。"

拉里让贝基想想珍妮特·里驰，她是《辛辛那提调查》的主编，也是三个孩子的母亲。贝基久仰珍妮特的大名了，她为人严厉而公正，是一位受人尊敬的新闻工作者。她在职场上光芒四射，同时也扮演着母亲的角色，把事业和家庭的关系处理得非常和谐。她在1994年生下了一对双胞胎，那时候她当主编的时间还不到两年。在卧床休息两个月之后，双胞胎早产七周来到了她的身边。

生完孩子的珍妮特强势回归工作岗位，她对新闻工作的热情丝毫没有减弱。不久以后，她成为了《阿克伦基地期刊》的第一位女编辑。在贝基看来，珍妮特在1996年就已经接近完美的状态了，她拥有了一切应当拥有的东西。贝基认为，一个人要能像珍妮特一样聪明善良，那么保持家庭和事业之间的平衡也就不是什么难事了。她还心存侥幸地想着，如果自己足够幸运的话，即使不具备珍妮特那样的素质，自己也有可能做到兼顾事业和家庭。

不仅受到了珍妮特的启发，贝基在去罗彻斯特之前跟随一位女主编工作了一年，这位女主编对贝基的影响也很大。贝基父亲对她的建议也很中肯，她也采纳了父亲的建议：现在必须竭尽全力奋斗，为自己的职业生涯打下牢固的基础，但是对于个人而言很重要的事情也不能敷衍，坚决摒弃过度的忧虑感。因此，贝基在底特律待了不到一年就去芝加哥的《太阳时报》工作了，她要陪在皮特的身边。

几年以后，为了撰写本书，贝基给在肯特州立大学工作的珍妮特•里驰打了个电话，从2003年开始，珍妮特就在这所大学里教授新闻学专业课程，她的人生故事比贝基在年幼时想象的还要丰富多彩。

**珍妮特·里驰，55岁**
**肯特州立大学新闻学副教授，曾任《阿克伦基地期刊》的编辑**
**俄亥俄州，费尔劳恩**
**卡拉、纳塔利和莫尼卡的母亲**

我从未想过自己能生一对双胞胎。

当医生通过B超检查发现我怀的是双胞胎时，我的眼泪夺眶而出。

我从来没有想到自己能一次生两个宝宝，双胞胎啊！我的一切都会因为这对宝宝而发生改变，一想到这儿我就忍不住哆嗦了一下，好恐怖哦！我感觉自己遭到了当头一棒。

我想我可能无法再胜任主编一职了。我曾经如此卖命地工作，因为我真的热爱这份工作。可是我觉得自己没有办法照顾三个孩子（包括两个小婴儿），毕竟照顾孩子也是一项繁重的工作。

不过我是发自内心地喜欢我的工作，喜欢新闻行业，而且我希望证明自己能够兼顾事业和家庭。

珍妮特真的做到了。她休完产假回到单位以后，一切如故，报刊编辑部并没有如她担心的那样已经不需要她的参与了。她把一天的时间利用得极为充分，但是不能亲自为孩子们烤制饼干、做晚饭，以及不能每天晚上大声读故事哄孩子入睡，类似这样的事情也没有让她久久不能释怀。

三年以后，珍妮特离开了辛辛那提，去《阿克伦基地期刊》做到了编辑部的最高职位。那些日子看上去好像一切事情尽在她的股掌之间，和谐有序，而实际上她也被种种烦恼搞得几近崩溃："我必须要踩着高跟鞋、穿着连裤袜忙来忙去，还不能忘了系上汽车安全带——噢，我真是一个头有两个大啦!"

但是她依然保持着井然有序的生活，她与丈夫进行了分工，共同承担照顾家庭的责任。孩子稍大一些的时候她就开始给孩子们布置家务活，每周还会找几次保洁人员来打扫卫生，因为她懂得在需要的时候寻求帮助。

在珍妮特这里，"鱼和熊掌可以兼得"。2000年，她以《阿克伦基地期刊》编辑的身份做了118场巡回演讲——演讲主题涉及她在编辑部的日常职责、家庭教育问题、足球活动以及其他丰富的内容。

2001年4月，编辑部进行了大裁员，没过多久，"911"恐怖袭击发生了，珍妮特的报纸面临着更加复杂的运营压力。为了保证新闻报道的时效性，她干脆在恐怖袭击现场不远处搭起了野营帐篷，当上了编辑监督员。

2002年，珍妮特简直忙得要发疯了。她的女儿们一个上五年级，一个上二年级，丈夫在克利夫兰市的一个大型律师事务所工作。她的孩子们又要参加女童子军组织的活动，又要上钢琴课，还要参加足球俱乐部的训练。"你要是看看我的时间表，那简直混乱极了，就像一个蹒跚学步的孩子涂鸦的文字一样。"珍妮特回忆那段时光的时候说道，"那时我真的像一个疯子，我的生活一片混乱。"

一天，珍妮特实在忙昏了头，忘记了去把参加足球比赛的卡拉接回来。“一位朋友给我打来电话：‘你知道吗？比赛都结束了，没有人来接卡拉走啊！’我当时脑子里‘嗡’的一下，唉，我确实把这事儿给忘得一干二净了！”珍妮特在接受贝基访问的时候说到此事，表情依然很懊恼。“我当时特别自责，我怎么能忘记接自己的孩子呢？一股强烈的负罪感袭遍我全身。”

报社编辑工作的常态就是为了保证报纸的时效性而时刻紧盯出版内容与截止时间，精神高度紧张，经常忙得昏天黑地，身体一直处于超负荷运转状态。珍妮特忍无可忍，去找报社社长表明自己的态度：自己真的无法再胜任这样高强度的工作了。社长给她两周的时间考虑这个问题。

珍妮特当编辑的时候做的最后一篇大新闻是2003年2月1号“哥伦比亚”号航天飞机爆炸事件；巧合的是，贝基决定辞职离开报社也是在这一天。真是无巧不成书啊！

“在某个周一，我终于下定了决心，做出了最终选择。”珍妮特说道。

其实归根结底就是要解决一个简单的问题：“珍妮特应该怎样使自己的人生保持一种平衡的状态？”

我知道全身心扑到工作上是不对的，我曾经想象在自己的墓碑上仅仅有这样一行文字：“她的人生篇章准时告一段落。”这是多么愚蠢可笑啊！我希望自己的孩子们成为善良可爱的人，不希望他们在接受采访时慷慨激昂地宣告：“我的妈妈从来没在我身边陪伴我成长。”我深情地望着我的孩子们，暗暗地想：“我不想成为这样的母亲，这不是我真正想要的生活。”

因此，珍妮特没有选择在职场打拼，为了她的和谐人生，离开了《阿克伦基地期刊》——一份倾注了她满腔热情的报刊。当然，她实现了自己的想法，几个月以后，她成为了肯特州立大学的新闻学教授。

## 冲破传统牢笼的新时代女性：批判地继承

我们的母亲们已经开始尝试对前辈传承下来的各种价值观做理性的整合分析，通过努力来做出属于自己的人生选择。到了我们这一辈，更应当批判地继承前辈留给我们的丰富的精神遗产。曾经的女性迫于现实压力只能无休止地追求完美，但当今的新时代女性开始追求“新知足常乐”的生活理念，翻开了全新的人生篇章。

随着时代的进步，社会的发展，可供我们新时代女性选择的余地越来越大，我们可以在更广阔的空间施展拳脚。截至2007年，两性之间的收入差距已经显著缩小，女性的收入已经达到了男性收入的78%。世界500强的大公司里有超过15%的董事会成员是女性，还有将近16%的高级职员是女性。

从我们当上母亲那一刻起，我们需要考虑的重心就是如何适应新变化，我们怎样才能继续自己的职业生涯，还有最重要的一点，我们怎样才能更好地照顾家庭。我们必须要学会批判地继承前辈们留下来的宝贵财富，根据我们的实际情况让这些丰富的遗产重新焕发生命的活力。

**莫利·摩尔斯·里默，37岁**
**克利斯蒂拍卖行的副总裁和古董部门负责人**
**纽约，阿蒙克**
**罗塞和莉莉的母亲，琳达·摩尔斯的女儿**

我从来没有想过当全职太太，在我的词汇表里没有“离开职场”这样的字眼儿。

我的母亲在一家软件公司担任行政领导，我一直为她感到自豪。我从来没有感到她对我的疏忽。

我的母亲有一份很重要的工作，在孩提时代，我就经常听妈妈讲有关工作的各种趣闻轶事。我的父母总是很支持我去做自己喜欢的事情，比方说，我就非常热爱艺术史。

我爱我的工作，我真的很不理解为什么有些人要把工作看成生活的对立面，为了工作牺牲大量的生活乐趣。我热爱周围的事物，热爱身边的人们，热爱旅行，放眼四方，胸怀坦荡。

但是我从未感到自己已经百分之百得到了所有想要的东西……我想只有完美主义者才会追求到百分百的满意度吧。我一直走在追求完美的路上，我的母亲也是如此。

但是我尽量克制了自己这种拼命追求完美的想法，我只需要确认自己得到了真正想要的东西即可。我绝不惧怕开口说出自己的真实想法，如果需要我转身离开办公室，辞掉工作，我可以做到。

我的妈妈每天晚上都在家里陪我……我决定效仿我的母亲，也要陪孩子们度过一个个美好的夜晚时光。

莫利已经做出了决定。

她批判地继承了一份丰厚的精神遗产，然后自豪地向世人展现。

GOOD ENOUGH IS THE NEW PERFECT

# 第3章 新时代母亲革命

- 当一个好妈妈的途径有很多呢。
- 追求“简单轻松”的生活理念是没有错的——因为有些事虽然复杂，但并不意味着更有价值。
- 成为最完美的人和尽自己的努力去追求完美是两码事。
- 做你自己。
- 无视别人对你的指指点点。
- 追求平衡不是要让每天的生活都达到完美和谐的状态。

莫利·摩尔斯·里默已经用实际行动证明了她的幼儿园老师是完全错误的。

她不仅一年多次前往欧洲鉴赏古希腊和古罗马的艺术成就，还会尽量多花些时间在家里陪伴女儿们玩耍，哄她们入睡，让她们跟妈妈一起度过美好的夜晚。莫利在晚上喜欢跟孩子们一起玩纸牌，或者大声朗读故事，她还非常乐意给孩子们哼唱小夜曲《身边的短吻鳄》，还有当年她的父母经常给她唱的歌《值得尊敬的字母A》。

莫利最幸福快乐的时刻就是在孩子们熟睡两个小时以后，也就是在她爬上自己的床铺之前："我偷偷看一眼孩子们，睡得那样香甜，我把自己的吻留在她们安详的小脸蛋上，多么惹人喜爱的宝贝啊！"她在说这些话的时候语调都无比柔和，充满温情，"我简直太爱那个美妙时刻了！"

作为新时代的母亲，没有什么能阻挠我们绘出丰富多彩的人生画卷。我们面临的最大挑战就是有太多的选择机会了，我们不得不为做出选择而伤脑筋。我们当中的大多数人都是遵循着同样的生长轨迹由稚嫩走向成熟的，这是一条清晰指向成功的路径，我们只需要在适当的时候升级为母亲，然后深陷多种"正确"的舆论之中，导致我们"身在此山中"，不识人生的“真面目”。我们期望能清楚地区分“职场妈妈”和“全职妈妈”的含义，明确到底哪一种母亲在新时代母亲革命中更具有竞争力，更处于优势地位——实际上这二者之间的界限已经逐渐模糊了。如今，越来越多的女性进入了一个正在蓬勃发展的介于二者之间的领域，兼顾工作与生活不再是神话。走在时代前列的我们可能会在行进的过程中蓦然发现没有别人能充分理解我们，无法体会我们的人生经验。沿着定制好的人生轨迹前行却会让职场母亲们备感孤独，缺乏依靠。

像莫利这样的女性，她在生完孩子以后一直在克利斯蒂拍卖行从事全职工作，也会在其他成功的职场妈妈身上找到跟自己的相同之处。莫利的职业决定了她的自我认同感，我们很容易就能看出她跟那些决定彻底退出职场的女性有着怎样的不同之处。莫利从没有想过把工作地点改在家里，或者适当缩减工作时间（像霍利那样），也没有在孩子小的时候辞职回家、待上几年专心照顾孩子（像贝基那样）。

当我们采访成功女性的时候，总是会很频繁地听到这样的话：“我跟其他妈妈们是不一样的。”

类似于这样的话被不断地重复，也揭示了我们这一代新潮母亲们正在奋力推进的革命——一场更富有感性色彩且让妈妈们感到孤军奋战的革命，而不是一场在“职场母亲”和“全职妈妈”之间“非黑即白”的辩论。这场革命洪流中的每一位新时代母亲都感到孤立无援，很多时候都是自己跟自己较劲儿，她们想通过自己的努力搞清楚自己到底适合站在哪一方（在旧时代的母亲革命中，我们预想的矛盾冲突起码暗示了一个努力的方向，让我们知道联合其他妈妈们组成革命友情联盟，一起做出同样的决定）。现在我们面临的问题是必须要独立自主地做出理性选择，为自己做辩护。我们还要应对那些嘈杂混乱的舆论信息——关于我们“应当”追求什么，我们不能按照他人的观点去追求他人眼中的成功，必须抵制外界舆论给我们施加的影响。

因此，新时代母亲革命的要义就在于让我们牢记：对于他人而言足够完美的东西，在我们看来可能还远远不够，每个人对于“完美”的定义是不同的。

**肖娜·杜兰德·斯诺德格拉斯，39岁**
**临床护理人员，医院的换班护士**
**科罗拉多州，洛夫兰**
**劳伦、格里和艾丹的母亲**

广大女性朋友们需要树立一个信念，那就是追寻一切自认为最好、最棒的东西。但是对于我们的母亲那一代人而言最好的东西在今天看来也许不值一提。有些女性是绝不能待在家里的——那样会让她们无比痛苦，甚至有些极端的女性会因为待在家中而郁闷到自杀。

看看吧，当代女性正处于痛苦的挣扎中，承载着无比沉重的压力。我们应当互相劝慰，适当卸载一些身上的负担，不要太在意外人对自己的评判。我们不能相互扶持相互帮助吗？这是能让我们心境归于平和的唯一途径。

* * *

霍利最担心的是自己会在婆婆的眼里成为一个失败的人。霍利的婆婆洛伦，也就是约翰的母亲，绝对可以获得一枚伟大的“母性奥林匹克”奖章。她生育了六个孩子（还包括一对双胞胎），把自己的全部生命都奉献给了孩子们。当她的孩子们又有了下一代（现在已经有16个叫她“奶奶”或“姥姥”的孙辈了），她就理所当然地扮演起了家庭育儿专家的角色，发挥着她那无穷的智慧。她从孩子一出生起就兢兢业业地当起了育儿嫂，帮助那些被孩子折磨得睡眠不足的新爸爸、新妈妈们应付各种棘手事件。任何时候有什么跟育儿有关的问题突然出现，她都能立刻提供最新的相关研究或者相关教育策略（当然她必须不忘立足于自己三十年的个人育儿经验）给大家作为参考。洛伦和霍利不同，她最爱做的事情就是围着孩子们转，心甘情愿把全部人生都奉献给孩子们。她为餐桌增加美味佳肴，陪孩子们在地板上玩弹子棋，给六个孩子每人准备了一本成长记录册，她在上面记录了孩子成长道路上的每一个里程碑。

看着洛伦给自己做出了如此棒的表率，霍利也别无选择了，只能强迫自己加入“好妈妈军团”。虽然她没有了自己的工作，虽然她在厨艺上缺乏天分，虽然她天性缺乏耐心，但是她的婆婆生养了六个孩子都没有丝毫的怨言呢。霍利在生孩子之前就很知道自己不是块育儿的好材料，生个孩子对她而言就是重大灾难，手足无措的她只好雇了一个私人顾问来帮助她解决各种育儿难题，陪她渡过难关。

现实情况正如霍利所担忧的那样，她在生完孩子的最初几年真的是忙得不可开交。由于无法保证基本的八小时睡眠（谁让她倒霉呢，她的宝宝在两个星期的时间里每天晚上都不能睡整觉），她做什么事情都精神恍惚。霍利每天就掰着指头一分一秒地数时间，盼着能上床休息，同时心里还充满了愧疚，觉得自己没有好好照顾亲爱的儿子们。等孩子们稍微大一些，霍利开始寻找各种消磨时间的方式。她选择去最远的杂货店买东西，为的就是在路上多耽误点时间。她知道让孩子们长时间看电视是没有好处的（其实孩子们几乎都没有机会看电视，只有当洛伦善意地提醒霍利的时候，她才会想起来让孩子们看一会儿电视），不过除了《蓝色斑点狗》和《慵懒镇》这两大流行儿童节目之外，也没什么值得看的电视节目了。霍利有时也会带着孩子们去丈夫约翰教书的夜校逛一逛，在丈夫授课的讲堂外晃来晃去。霍利盯着同一堵高墙好一阵子，实在觉得孤独无助，跟孩子们说点什么他们也听不懂，无法回答她心中的困惑。霍利觉得自己是否更应该去找一份全职工作，适当缩减一些照看孩子的任务。她也不知道那些跟她有着同样生活方式的女性是怎样舒缓心中苦闷的。

在霍利看来，那些像洛伦一样在家相夫教子的全职妈妈们，大多数时间都花在了思考“如何当个好妈妈”的问题上，花在了阅读相关书籍上，当然她们的生活会比较从容，不用像霍利一样奔波于单位和家庭之间，一天到晚风风火火，根本没有属于自己的时间。霍利之所以不选择当全职妈妈，理由很简单：洛伦从来没有出去工作过，她在育儿方面更懂得如何分配时间，因此霍利总结出一句话——洛伦一直就是个很棒的母亲，比自己强多了。

* * *

贝基，是站在霍利的对立面，她决定去赢得那枚伟大的“母性奥林匹克”奖章。

她选择了长时间休产假，全身心地关注她的宝贝女儿伊丽莎白，而且迅速迷上了各种亲子课程班。她开始疯狂地注册参加位于芝加哥的有关新生儿和新妈妈的各种培训机构：金宝贝、启德尔、毛毛虫等，还参加了宝宝瑜伽课程、游泳课程、妈咪宝贝亲子班等。伊丽莎白在一岁之前已经参加了前面提到的全部课程。到她两岁的时候，她已经学了幼儿芭蕾舞课程和艺术课程。像很多富有自尊心的城市儿童一样，伊丽莎白也经常参加游戏小组的活动，而且还经常组织在咖啡厅的小集会，所以她在会说话之前就已经认识星巴克的标识了。

在卡蒂降临之前，贝基的人生基本就是以女儿伊丽莎白为中心了，她在工作上投入的精力远远比不上在孩子身上投入的精力多。她大量研读有关母乳喂养的知识，以及关于婴儿睡眠模式和大脑发育的知识，在她的日历本上密密麻麻记满了各种课程时间表。她把每天要做的事情和必须达到的目标列了长长的一串细目（毫无疑问，在生了宝宝最初的一段日子里，当妈的记事本上肯定要包括给宝宝“洗澡”和“哺乳”的相关事项）。贝基喜欢给自己制作日程表，当然她也非常需要日程表。从某种程度上说，贝基一看到这些要完成的事项就会浑身充满了力量，感觉一切都在自己的掌控之中。另外，当她离开了《太阳时报》以后，对于收入的骤然减少，贝基的态度是：为了家庭，为了孩子们，把自己的精力从工作转移到生活中，这是完全正确的。

对于“全职妈妈”这个身份定位，贝基还是存有些许的困惑。她喜欢花一整天的时间陪伴自己的宝宝，认为把伊丽莎白抱在怀中或者亲眼目睹她掌握新的本领是值得自己放弃记者工作的。有时候她会陪着熟睡的宝宝躺在长椅上享受一段美好的午后时光，看着宝宝粉嫩的小脸贴在自己的胸前，一种从未有过的感觉涌上心头，心里无比的平和。尽管贝基绞尽脑汁想多休一段时间的产假，哪怕一分钱都不挣也行，甚至后来她决定辞职回家，她都一直不希望别人把她仅仅看成是一位母亲。回顾这段往事，贝基认为自己之所以会因为当了全职妈妈而感到抬不起头，根本原因就是自己对自己的自信心不足，缺乏安全感。可是在那段时间，贝基就是钻进了死胡同儿出不来了，自己对自己存有偏见，心里总是有个坎儿迈不过去。当有人问她现在做什么工作的时候，她从来不会直接回答自己是一位全职妈妈，一般都是先说说自己生孩子之前是做什么工作的，然后她又很奇怪为什么自己会这么回答。跟其他的全职妈妈们一样，贝基也不知道为什么自己会对自己选择当全职妈妈一事如此的纠结，她对自己的朋友也是曾经在《太阳时报》工作时的同事特雷西充满了同情，同时自己也备感焦虑与恐慌，因为特雷西也跟贝基一样经历着类似的内心挣扎。

贝基跟特雷西说："我又一次这么干了！我又有一次跟人家唠叨了我曾经是多么的成功。"她觉得自己有点难为情。

特雷西深有同感地点了点头。她非常理解贝基的话，并且认为她们应该花点时间慢慢适应自己的角色变化。她说道："我们必须停止这种祥林嫂似的唠叨了，不应该总是跟别人诉说自己曾经的成功。"

贝基十分同意特雷西的观点，但是发自内心地说，她还是觉得自己很纠结，焦虑的情绪并没有得到缓解。回头看看过去，在2000年初的时候，新时代母亲革命吸引了诸多媒体的目光——不过贝基对此一点看法也没有，不知道该站在哪一方。她确实没有感到自己跟任何一方有志同道合的感觉，非要让她选择支持其中一方还真的有点痛苦呢。

因此，贝基下定决心要让自己成为一名历史上最优秀、最完美、最具有奉献精神的母亲。她决定尽快适应在家里当全职妈妈的生活，同时还要让自己成为一名高效率的母亲，身兼数职也并非遥不可及，她要接受更多有挑战性的工作。于是她给自己安排了更多的课程，命令自己阅读更多的书籍，跟孩子们在地板上做各种游戏，直到筋疲力尽、感觉要被那些烦人的玩偶弄得窒息了才会停止。

贝基的人生规划很精彩！

直到有一天，她的人生不再精彩。

* * *

有谁会知道最近掀起的轰轰烈烈的新时代的母亲革命会如此严重地渗透于个体自我认同的转折点呢？我们是待在家里，还是出门做全职工作；是做点兼职工作，还是在家中工作，抑或是选择一种全新的工作方式——能否决定我们会成为什么样的母亲呢？尽管我们曾经也试着跟前辈们传承下来的价值观妥协，但是新时代的母亲更有着统筹全局的魄力，当然也心存纠结，经历过一次次痛苦的挣扎才做出了人生的抉择（“你们这代人就是想得太多了。”一位前辈这样对贝基说）。我们当中的很多人都很疑惑，为什么我们会感到不安和孤独呢？就算我们已经找到了解决问题的有效途径也依然不能消除自己的焦虑感。尽管有很多人都面临着同样的人生挑战，而且大家都有自由选择的权利，那为什么我们相互之间的差异那么大呢？这个问题真的很难理解。

霍利还记得自己在一个仲夏参加一群四岁小朋友的生日派对的情景，气氛非常好，全职妈妈们的鼎力相助为生日派对的顺利进行打下了坚实的基础。妈妈们优雅地品尝着精制器皿中的葡萄酒，一些妈妈还在笑那些幼儿园的小朋友终于找到机会盛装出席活动了，霍利想趁机加入全职妈妈们的谈话，但是也没人问到她的工作。她跟这些全职妈妈们没有共同的朋友圈，也没有共同的日常生活轨迹，她知道自己根本就不是这些人当中的一员。

在工作中也是一样，霍利的孤独感总是挥之不去。她的绝大多数女性同事都是没生孩子的年轻人，她们会在下午清闲的时候去参加学术讨论会或者法学辩论会，晚上还可以去听讲座，但是霍利是绝不可能抽身参加这些活动的，因为她还要相夫教子呢，她不能错过和孩子相处的时光。作为一名教授，霍利把自己的生活划分为两个世界，她每天都在两个世界中来回穿越——但是她仍然会感到些许迷茫和彷徨，有时会游走于两个世界之间，不知该如何掌控自己的人生。

日子一天天过去，霍利的脑中出现了这样一种想法：也许还有一些参加孩子生日派对的妈妈们或者在霍利工作的院系中也有一些妈妈们会跟她有着同样的孤独感，只是她们还没有找到合适的语言来表达自己的这种感受，抑或是她们还没有找到恰当的机会去表达自己的这种焦虑与迷茫。这种感受是不是只可意会不可言传呢？是不是所有当了母亲的女性都会想当然地认为自己的生活跟其他人都不尽相同呢？似乎每一个妈妈都觉得自己走的是独一无二的人生之路。

在我们做过的有关“新知足常乐”的访谈中，新时代母亲的归属感缺失问题是极为常见的一个讨论话题。尽管大多数当了妈妈的新时代女性也拥有丰富的社交圈子，积极参与社交活动，还有一帮跟自己“臭味相投”的“狐朋狗友”，但是她们还是用一种特别的方式表达了自己的孤独感：“我觉得自己不是个随大流的人。”“没有人能真正理解我的感受。”“我跟学校里的其他妈妈们可不一样哦。”“大家根本没有搞清楚我的想法。”实际上每个自以为与众不同的母亲面临的问题跟其他母亲都差不多，这其实是新时代母亲的共性问题。当我们跟12位职场母亲（她们的个案都在本书中一一呈现）展开圆桌会议的时候，其中一位母亲跟我们反映说她觉得自己不能融入这个12人的团队，觉得自己跟其他人格格不入。结果几个星期以后，第二位母亲也跟我们反映了同样的问题，接着没多久又出现了第三位。

在访谈过程中，我们经常听到从事不同职业的母亲说出这样的话：“我感到很孤独无助。”无论是做兼职工作还是做全职工作，很多女性都认为自己处于孤立无援的境地。无论是日程表上事务繁杂的母亲，还是在职场叱咤风云的母亲，她们口中经常说的词就是“孤独感”。有些女性之所以会感到孤独是因为她们认为自己是镇子上唯一的职场母亲，而实际上还有不少住在同一个镇子上的女性也有同感。

一些女性正在感受着世俗偏见带给她们的困惑，还有一些女性已经坦率地表达了自己的感受。但是更多的女性对于自己目前的生活状态十分窝火，她们希望社会舆论能以更宽容的态度对待自己，希望能向世人展现全然不同的新时代母亲的生活方式。她们很可能在倡导走新路的过程中遇到巨大的绊脚石，误会、诽谤和种种流言蜚语可能会铺天盖地而来，而且她们会不断承受来自各个方面的压力与痛苦。她们也许会疲于应对各种质疑，慢慢就懒得跟他人解释自己的想法，懒得解释为什么自己会选择这样一种生活方式，还不如干脆就保持沉默来得轻松呢。“就让我们走自己的路，让别人说去吧！”有些妈妈在生完孩子之后再也找不到曾经拥有的友情了，因为“道不同不相为谋”啊。有一位母亲这样评价自己的一个朋友：“她跟我可不一样哦，她是个待在家里的全职妈妈，她的全部工作就是应付家里的那些事。”从这些话里我们可没有看到有什么友情的味道渗透在里面，这很显然体现了两位母亲的不同生活方式，她们面临的是截然不同的两种人生挑战。

其实新时代母亲们应该同属于一个关系密切的团体，而一些妈妈却总是无法融入这个大集体。她们中的很多人已经习惯了（有时候甚至产生了依赖感）一种传统的固定的生活模式，她们也不喜欢被强行拉入一场只有一个胜利者的游戏中。当然，绝大多数自我认同感较强的女性会在各个领域宣传并实践自己的思想，但是这也不能一概而论啊。解决新时代母亲的人生困惑也不是只有一条行得通的路径。有时候我们真的有点无能为力，脑中总是盘旋着一个问题：如果我们做了一件正确的事情，那么其他人也会跟我们一样做吗？

## 一场全新的论战

我们在倡导新时代母亲革命时经常会就两大基本问题展开激烈的争论，那就是作为母亲到底应该选择出去工作还是留在家里。我们当中的许多人都受到了媒体报道的影响，被大众舆论所左右，思维容易简单化和机械化，不会灵活地解决问题。当我们真正沉浸在了母亲的角色中，就会发现简单粗暴的争执确实毫无意义，关于事业与家庭的选择问题，其实不过是在平衡的生活状态上撕开了一道裂痕。把两个选择摆在我们面前倒是件很容易的事，这样并不意味着我们就真的要通过猜拳选定其中的一个，我们还想干更大的事呢——最终我们要分析、澄清有关这两个选择的问题。

2009年，新时代母亲革命的圣火已经点燃，并且已经呈现星星燎原之势，但是不少守旧势力的白眼显示出他们对新时代母亲革命的不屑与蔑视。2009年10月，一位全职妈妈在网络博客里写出了她对现实的不满，发出了怒吼声。在菲尔博士的脱口秀栏目中插播了这段名为“内疚妈妈”的故事，显然，心怀愧疚的全职妈妈跟在外工作的职场母亲选择的是截然不同的两种人生之路。网络博客中呈现的信息是很明了的，包括了李斯丽摩根斯泰纳的观点，她可是2006年的畅销书《新时代母亲革命：事业与家庭的对峙》的编者。

其实无论是选择事业还是选择家庭，任何一种选择都没有绝对的优势，这种选择本身就没有对错之分。越来越多的人已经认识到这一点了。

而且要想就事业和家庭展开针锋相对的辩论也是很有难度的，因为新时代的女性有很多人是站在二者之间的区域。

无奈现实情况总是事与愿违，我们一直在追求进步，但是有关选择事业还是家庭这个两难问题的讨论却从未停止过。在一个接一个的访谈中，很多接受采访的妈妈告诉我们，她们非常渴望能跟人抒发一下自己心中对于事业和家庭的矛盾情绪，但是却很难找到一个宣泄的平台，甚至那些颇有从众心理的妈妈们有时候也非常期望参与有关事业和家庭的大讨论。

艾伦·加林斯基从20世纪70年代起就投身于研究现代社会中的母亲所面临工作与生活中的问题，霍利终于有机会采访这位专家了，她在接受采访时首先谈到的就是关于新时代母亲选择事业还是家庭的两难问题。

有些母亲把对事业和家庭的困惑当成是一种难言之隐，内心纠结却不愿表达出来，艾伦对于这种现象早已司空见惯，不会有丝毫的惊诧。艾伦告诉霍利："有关女性在事业和家庭的两难选择问题，直到最近这段时间才开始公开讨论、争辩，贝蒂·弗里丹在《女性的秘密》中也提到了这个莫名其妙的问题。"实际上，艾伦在20世纪70～80年代这十几年间已经在她的若干著作中呈现了自己的研究成果，她所采访过的女性朋友们都不太乐意主动把自己的"隐私"拿出来分享，这里的"隐私"就是她们把事业和家庭的关系处理得一团糟。

"但是，"艾伦说道，"在过去的四十年间，一场文化变革悄然席卷了全球，速度不快，但却带来了一股全新的思潮，也让世人触碰到一些颠覆传统的犀利观点。"那是2010年的春天，艾伦刚刚协助组织了有关职业灵活性的白宫学术论坛之后，接着出版了她的最新著作——一本有关家庭教育的书，书名为《发展中的思想》。她在书中指出了处理工作与生活的关系最终将会成为整个社会的一个主流话题，其原因主要有两大点。

第一，如何处理好工作和生活的关系已经不再是单单困惑妈妈们的问题了，当今时代的很多男性朋友也开始为这个问题而抓耳挠腮了。艾伦的研究表明，“性别角色的转换”导致了男性对工作与生活的矛盾问题的关注显著增长，在过去的30年间，深陷该矛盾中的男性人数所占比例已经从1977年的35%上升到2008年的45%。第二，当今美国第一夫人米歇尔·奥巴马对工作和生活的矛盾问题也颇感兴趣，引发了全国人民对此问题前所未有的高度关注度。随之而生的是一系列新词汇：像“绑定时间”“挤压时间”等（来自广泛而热烈的全民大讨论），体现了人们对待家庭和人生的态度，其实生活就像马戏团走高空钢丝的一样，有着一系列惊险刺激的动作（来自奥巴马总统就职演说的结束语）。

艾伦对霍利说：“我认为的确存在一种神奇的力量，使得米歇尔这样的成功女性可以充分发挥自己的优势来化解工作和生活的矛盾，应对工作和生活的挑战。”

在组织过学术论坛之后，艾伦写了一篇有关“劳动场所与劳动力的失调问题”的文章发表在《哈芬顿邮报》的相关栏目中，阐述了人们期望的生活状态与实际的生活状态之间存在着怎样的鸿沟。艾伦讨论分析了上一辈人的传统家庭模式，并指出随着经济的发展当今社会的家庭都是父母双方同时外出工作，而他们要承担的家庭责任却丝毫没有减少——只是减少了履行责任的时间。

所以我们要探讨属于自己的对于“成功”的个性化定义，选择一种超越完美的新知足常乐的生活态度，将会让你的人生掀开崭新的一页。

**艾伦·加伦斯基，68岁**

**家庭与工作问题研究中心负责人，创始人之一**

**《发展中的思想：每个儿童都必需的七项生存技能》的作者**

**劳拉和菲利普的母亲**

你必须要学会面对灰色人生，因为生活中并不会时时刻刻充满阳光。当你遇到问题却不知所措时，或者当你不想因为一时糊涂而做出错误的选择时，向自己提出这样的问题是很有必要的："我在五年之后会怎样看待这个问题呢？"有时候你在向自己提出这个问题之后就很容易搞清楚自己更看重什么东西，是应该去努力工作，还是坚持不能错过自己喜欢的芭蕾舞演出，你的心中就能得出答案了。在五年的时间里，到底什么对你而言是最重要的呢？这个问题是仁者见仁、智者见智的，你应该有专属于自己的个性化答案，而不应该盲目听从朋友的意见，或者从书本上找答案。

其实我们经常处于头脑混乱的状态，对待生活经常是得过且过，一天一天地混日子。

对于如何扮演好父母的角色是没有捷径可走的，我们必须要正视生活中的阴霾，学会处理各种生活难题，努力让阳光洒满我们的人生。

2008年8月，贝基第一次采访詹妮弗·佩特，这位生活在洛杉矶的母亲当时有两个小宝贝需要她照顾，她一面在家照顾孩子，一面还企图向传统的母亲角色发起挑战，打算伺机投入下一份工作中。詹妮弗曾经是一位出色的星探，为电视电影事业发掘了不少好演员，她在当妈妈之前一直想把这份稳定的工作做好，并且与他人合伙创办了星探公司，她亲自打理公司的业务，公司运营状况良好。就在她铆足了劲儿准备再次到这个领域（其实她还是一位有着十年舞蹈功底的专业舞者）大展拳脚的时候，刚回归职场两个月的她就发现自己又怀孕了。于是一股受挫感袭遍她的全身：“我感觉非常糟糕。”

有些人总是喜欢把各种人和事进行分类，那么詹妮弗这位花了超过五年的时间待在家里照顾孩子的母亲，就可能会被归为“退出革命事业”的女性了，她应该属于那批从职场退回家庭的人潮中的一朵浪花吧。但是这个标签贴在她身上并不是很确切，因为这个标签只能反映詹妮弗的一小部分人生，而且不能对轰轰烈烈的职场革命揭示出个所以然。詹妮弗在接受了贝基的第一次采访之后，来势汹涌的职场大变革对她的人生产生了巨大的影响。第二年秋天，詹妮弗已经成为一档依托于互联网的有关母亲的脱口秀栏目的联合主持人和执行总监，她在这份工作中取得的收入是之前那份工作的两倍还要多。因为她现在的工作时间非常灵活，所以她可以充分自由地控制自己的时间，她依然没有把自己归入真正的职场女性的阵营，她认为自己是一位“待在家里工作的妈妈”。

但是在接受贝基的第一次采访时，詹妮弗觉得自己正处于一个边缘地带，对自己的未来持乐观又兴奋的态度，心中还是有一丝丝的忐忑，她跟贝基描述了自己的规划，希望能以互联网为平台，打造一个名为《珍与巴布：辣妈生活》的系列节目。她与搭档芭芭拉·梅琴是在带着各自的孩子去参加幼儿健身课的时候认识的，“我们两个志同道合的人真是相见恨晚，我们都坚持要追求属于自己的人生，不能荒废宝贵的生命。”詹妮弗这样对贝基说道。她们两个立足于自己作为母亲的种种生活经历来创造富有生活气息的系列短片，每一个短剧都只有五分钟，反映的是当代母亲的生活状态，引起了广泛的共鸣。她们在系列短片里打出的标志性口号是：“我们一直在一起。”

“我在跟各种类型的女性交流时发现了一个普遍的问题，无论是待在家里照顾孩子的全职妈妈，还是在工作岗位上努力打拼的职场母亲，抑或是正在努力平衡好二者关系的时尚辣妈，她们无一例外地都有一点角色定位危机。”詹妮弗对贝基说。“我认识的女性当中，只有极少数的人不会纠结于‘我该怎样掌控我的人生’这样的问题，这种人可谓是凤毛麟角。实际上绝大多数的人都存在着同样的困惑，那就是‘我到底是谁？我有点搞不清楚自己扮演的角色，我觉得自己没有走在正确的人生之路上’。所以我产生了一种想法，那就是人们的确需要摒弃孤独感，我要让大家知道，其实我们并不孤独，如果生活是战场，那么我们都不是在孤军奋战。”

在我们采访过的诸多女性当中，詹妮弗并不是唯一一个在接受完采访的两年之内发生了实质性变化的妈妈，也不是唯一一个把自己定位于混合角色的妈妈。我们通过有关“新知足常乐”的问卷调查发现，有将近四分之三的女性在生完孩子以后改变了自己的职业规划，但是她们给自己的新角色定位是多种多样的，有超过20%的女性在面对问卷中给出的十个备选选项都不能回答“是”（这更进一步印证了那些研究女性事业和家庭问题专家的言论：广大女性朋友们所面临的复杂情况是很难用几个选项概括的，甚至无法用语言进行描述，简单地在选项框里勾出“是”或“否”就更不可能了）。

通过问卷调查我们发现，有些女性在当了妈妈之后选择了更具弹性时间的工作方式，有些女性则提出要对自己承担的工作进行重新分工，有些女性成为了自由职业者或者独立的承包人，还有些女性则选择了大量削减在外工作的时间。有的妈妈为了有更多的时间照顾孩子而选择了辞去任务繁重的工作，再去寻找一份工作时间更为灵活或者可以做兼职的新工作，还有的妈妈干脆另起炉灶，独立创业。当然也有一些跟詹妮弗一样的妈妈们，她们选择了先暂时退出职场，几年以后再“重出江湖”（大多数做出这种选择的女性都是在两年半或更短的时间内就走出家庭了）。

描述当代职场母亲的形容词可以多种多样，莫利·摩尔斯·里默，这位克利斯蒂拍卖行的古董鉴定专家，利用接送孩子上下学的机会，结识了不少职场母亲，依托学前教育机构创建了“职场母亲联盟”，她认为每个人应该对自己扮演的角色有个清楚的定位。“我发现一件有趣的事情，那就是我必须一边要努力摒弃传统的价值判断，一边还要跟每一位加入‘职场母亲联盟’的女性确认：‘你是一位职场母亲吗？’”莫利说道，“事实是我手里有一份职场母亲的名单，她们中的有些人只是每周去教一堂健身课而已，但是她们也把自己归为职场母亲的行列。所以对于‘职场母亲’的定义主要看是看当事人的心理状态，其实是一种无形的精神层面的东西决定了女性扮演的角色。你大可不必把“职场母亲”的概念限定在每天去办公室坐班的妈妈身上。”莫利创建的“职场母亲联盟”将“职场母亲”的概念外延做了更大的拓展，因此加入联盟的女性越来越多，职场母亲的队伍日益壮大起来。

* * *

然而，我们绝大多数人就算是撕下了自己身上的标签，也仍想不顾一切地追求一个明确的角色定位，需要强烈的自我认同感，希望把自己同其他人区分开来——主要是想证明自己所坚持的生活方式是最棒的，别人无法与自己相媲美。就像一位女性所言：“我们大家都是各不相同的，我们经常环顾四周，对别人指手画脚，做出评价和判断。”而那些理智的评判者根本就不会在意被评判者所选择的生活方式——这一点也让很多人感到费解。一些女性由于当妈妈的时间比较长，作为资深妈妈则变得对他人的指指点点毫不在乎了，这也是经过磨炼的结果。随着时间的推移，日复一日年复一年，外界的评判并没有消退，但是那些新时代辣妈们已经变得不再看重他人对自己的评判了，人为地给女性分类贴标签确实毫无意义。

凯茜·卡尔霍恩就是一个很好的例子。她是一位单身母亲，也是一家著名公关公司的首席执行官。在凯茜升级为母亲之前，她就已经在职场小有成就了，曾经成功发起了“要牛奶还是奶牛”的运动。作为万博宣伟公关公司在北美地区的总负责人，她监控着美国和加拿大20多个子公司的运营情况。凯茜第一次接受贝基的采访是在她的芝加哥办公室内。凯茜对自己充满信心，也很善于思考人生，她把自己生完女儿索菲后的十二年间的变化娓娓道来，让人了解了她是怎样一步步走到今天的。万事开头难，凯茜也不是从开始就一帆风顺的，她没有和索菲的父亲结婚，是个未婚单身妈妈，这种角色非常不利于她的个人发展，但是她懂得一个道理——“退一步海阔天空”，她不是个苛求自己的人，她允许自己的人生有瑕疵，她能够做到不去一味追求世人眼中的完美生活。

早些时候凯茜也受到了一些妈妈们的非议，特别是凯茜为了工作而成了横穿北美大陆的空中飞人时，各种诘难接踵而至。有些人是毫无理由地看不惯凯茜的做法，有些人是嫉妒凯茜的能力，还有些人则是单纯的出于好奇而对凯茜议论纷纷。凯茜觉得有些女性只会片面地认可她们自己的生活方式，而凯茜则会理性地承认有时会对自己的洞察力持怀疑态度，自己也有彷徨和迷茫的时候。

凯茜·卡尔霍恩，48岁
著名公关公司的首席执行官，万博宣伟公关公司在北美地区的总负责人
伊利诺伊州，芝加哥市
索菲的母亲

我的工作最折磨人的地方就是要不断出差，工作就像在旅行。这也是其他妈妈对我的工作望而却步的原因。很多妈妈们对于我频繁的出差颇有微词，因为我每周至少有一个晚上不能陪孩子度过，平均每月有三到四次工作旅行，这意味着我要经常离开女儿，而且我这种“空中飞人”的生活大概从女儿四个月大的时候就开始了。

经常会有这样的质疑声在我耳边响起：“你怎么能离开女儿呢？你怎么能狠下心来这样做呢？”但是我别无选择，这是我的工作，我只能这样做。在我出差离开女儿的日子里，她的父亲会陪她度过每一个夜晚，她从来没有跟过保姆。无论是爸爸还是妈妈，陪伴她的总是她的至亲。

然而，对我的质疑声从来就没有间断过，很多已为人母的女性还是不断地对我说三道四，尤其是在我女儿小的时候，她们非常不赞成我选择出门工作。但是她们也并没有恶意攻击我，只是单纯地认为我的做法不合时宜。当然有时候我也能感受到她们在言语间流露出对我的嫉妒之情，她们偶尔也会说这样的话：“哦，你可真命好，离开孩子就能吃得好睡得香了。”

因此，我一直就没有真正地理解他人对我的看法是源自什么动机，我只是感到很沮丧，情绪低沉。扔下那么小的孩子出门在外工作的确让我生出了深深的负罪感。但是我同时也承担着养家糊口的重任，生活中的种种困难我都要一一去克服，外界的非议只是冰山一角。其实我的女儿索菲一直就很理解我，她已经非常适应现在这种生活方式了，她甚至

从来都不会阻挠我出差。

事实上，凯茜选择走出家门到职场打拼对于她的女儿索菲来说也有不少益处：索菲在成长的过程中已经历练出独立自主的性格，还有很强的适应能力。而且她清楚地知道有一对深爱她的父母会一直孜孜不倦地关照着她。索菲和凯茜的关系亲密而又坦诚，每当生活中遇到困难的时候，凯茜总是勇敢地昂首面对困难，因为她有自信可以克服一切难题，“有了女儿的信任和依赖，我觉得自己每一天都被幸运之神眷顾。”凯茜说道。基于母女之间的这种良好的亲子关系，索菲绝不会相信自己的母亲会因为工作而忽视自己。有一次，凯茜给索菲花180美元买了一双托里·帕奇（美国著名时尚品牌，以平底鞋作为明星产品）的鞋子，而且是请品牌设计师专门为索菲设计的，她每天都穿着校服搭配着这双高级鞋子去上学。索菲对于这双高级鞋子的态度很是坦然，那不过就是一个有点不寻常的奢侈品而已，穿着它确实有点炫耀的意味。但是有些妈妈们会在索菲面前说三道四，认为凯茜之所以给女儿买这么贵的鞋子是因为她整天忙于工作而不得不买双好鞋来安慰女儿。索菲听到这样的说法感到非常愤愤不平，她据理力争：“不，不是的！我的妈妈不是这样的！”凯茜在陈述这件事的时候是以一种非常客观的态度娓娓道来的，不带有一丝的激愤。她认为别的妈妈们对索菲说的话也是出于善意，她给自己唯一的女儿买昂贵的鞋子确实是不假思索的行为，压根儿没有考虑经济压力。

在某种程度上凯茜把其他妈妈们对自己的品头论足看成是一种奋斗的动力，她决心一定要在职场混出个模样。现在索菲已经长大了，对凯茜质疑的声音也渐渐平息了，但是对女儿的愧疚感和对自己的不自信仍然会时不时地冒出来撞击一下凯茜的大脑。每当感到信心不足或缺乏干劲儿的时候，凯茜一般会先停下前进的脚步，让这种消极情绪肆意泛滥，然后再继续前行。“我可不想当个事后诸葛亮，放马后炮的事我可不干。”凯茜说。

但是很多接受采访的女性对于这种任由情绪泛滥的做法还是持谨慎态度，她们认为把自己最真实的情绪宣泄出来还是需要极大的勇气，甚至要付出巨大的努力，因为我们面临着大量有关“好妈妈”角色定位的信息，舆论压力非常大。我们当中的许多人正试图过滤垃圾信息，辨别选择最有价值的信息，寻找可供自己的借鉴的人生信条。请问我们如果参加了不到十堂亲子课程还能否说自己是个好妈妈呢？如果我们每周都因为工作关系出差一次呢？如果我们的宝宝采用了人工喂养的方式呢？如果让保姆带孩子去学生用品店购物呢？如果因为我们工作繁忙而减少了陪孩子看电影的时间呢？有时候我们也暗自揣测：什么样的妈妈才是“坏妈妈”？“坏妈妈”的标准有哪几条呢？

不管我们对自己做出的选择有多么自信，实际上我们所有人在心底里都是真切希望自己能成为一名完美的母亲。

## 成为完美母亲的秘诀

我们好像在任何地方都能看到完美母亲的影子，就像幽灵一样飘来飘去。完美母亲可以在金宝贝公司里用甜美的声音引导早教活动：“卡特已经懂得了几种符号语言了呢？兰德已经知道苹果、甘蓝菜和厕所的符号语言了哦——他才仅仅九个月大啊！”在操场上，完美母亲可以安静地面带笑容陪着蹒跚学步的宝宝玩耍，不时递上一块有机南瓜粉和小米面制作的面包、格兰诺拉麦片或者薯条来填饱孩子的肚皮。完美母亲在学校或幼儿园会跟孩子的老师进行良好的沟通与互动，指导帮助孩子们准备万圣节派对和图书展等活动。而且我们相信完美母亲绝不会忘记上交孩子的实地考察旅行费，也不会忘记在孩子上健身课的日子送去运动鞋。进入工作状态的完美母亲，一定是红光满面、精神抖擞，她绝不会蓬头垢面进入办公室，头发上是不会沾上麦片的，手提包里也不会放着空果汁盒之类的垃圾。在我们看来，完美母亲就在那里，就在我们受挫的地方，她们总能游刃有余地解决令我们备感困惑的难题。

成为完美母亲的秘诀到底是什么呢？我们一直都很纠结于这个挥之不去的问题，要想定义属于自己的成功还真是有点难度。我们努力想让自己成为超级完美的母亲——这也不仅仅是因为我们想展现自己杰出的能力。

霍利曾经耗费了两个小时把一袋奥利奥奶油夹心巧克力饼干做成了一些小型蜘蛛的样子，用椒盐棒做蜘蛛腿，当她把这个吸引眼球的作品拿到基甸的幼儿园同伴（及其母亲）面前时，引起了一阵轰动，大家对霍利的热情和能力都赞不绝口。那时候，霍利正在为错过了参加孩子们的实地考察旅行而备感愧疚，她并不愿意当一名传统意义上的典型的职场母亲，就只知道给孩子购买大量的零食。所以霍利把基甸从杂志上勾选出来的各种自制点心的方法贴上标签，照猫画虎，无奈制作出来的蜘蛛点心总是容易折断腿脚，因为椒盐棒做的蜘蛛腿实在太脆弱了。后来约翰把霍利丢弃的那些“蜘蛛断腿”都捡起来吃掉了，这让霍利忍俊不禁，可能孩子们在吃椒盐棒的时候根本就没意识到这是蜘蛛腿呢。

在访谈过程中我们发现，有很多新时代母亲在人生的其他领域都表现得自信满满，但唯独对于“如何当个好妈妈”的问题缺乏自信，她们都坦诚自己在为人母方面存在很多不足之处。她们往往在接受我们的第二次或第三次访谈的时候就会坦白自己的不足之处，表达出忏悔之情，经常会说出这样的话："其实我真的不想跟你说这些，我压根儿就不喜欢给孩子们大声读故事。""我不想把该做的事情在日程表上标注得密密麻麻，因为我觉得实在太烦琐了，我对此十分厌恶。"这些母亲的懊悔之情不是来自于没有给孩子们大声读故事或者在日程表上做好标注，而是因为她们自认为应该为孩子们做的事情没有做好，就算是勉为其难也应该尽量为了孩子们做好一系列该做的事情。要想做一名世人眼中的好妈妈，不仅要细致周到地完成日程表上标注的每一件该做的事情，还要时刻保持积极乐观的心态，要真正喜欢为孩子们做一切琐碎的事情。

我们心中对于"完美母亲"的定义恰恰成为了我们独立思考的牵绊，也是让人备感纠结的根源：面对现实的我们无论如何也不能达到完美母亲的标准，除非把我们都逼疯了吧。

* * *

贝基面对现实，已经承认了自己不是一个超级母亲。她原本以为扮演好母亲的角色就如同在学校考试中拿到A，她曾经对自己充满信心，但事实是残酷的，当她面对那一长串需要处理的事务时，她真的败下阵来。且不说那个让人头痛的长长的日程表，单就做好一件事情都让她备感焦虑，因为她发现事情远没有自己想象的那么简单，原以为能做得很完美的事情却总是被自己搞得一团糟。就拿给孩子做饭这件事来说吧，她希望给自己的宝贝女儿准备最好的有机食材，用最健康的烹饪方式为女儿加工食品（纵然她一直就不喜欢做饭），避免女儿摄入一切不健康的食品，结果她在气喘吁吁中发现自己做的都是些无用功。果汁盒被她弄得到处都是，她觉得自己真是太失败了。贝基还意识到自己跟孩子们做游戏的时间实在太少了，而且还经常忘记把给孩子们拍的照片传到网上或者发送电子邮件，让祖父母和外祖父母都了解一下孩子们的近况。有时候贝基也会忙中出错，风风火火地干完一件事又冲向另一件事，所以不可避免地会出现因莽撞而导致的严重后果，比方说，她把煮开的牛奶洒在了汽车的后座上（到洗车房清理后座上的牛奶可是花费不少呢）。

贝基也有很多喜欢做的事情，不过都是些特别简单易行的事情，不足挂齿，做好这些事情并不能给扮演的母亲角色多加几分。比方说她母乳喂养了两个女儿，一直到一岁多才给女儿们断奶。不过她坚持母乳喂养的理由是不是有些许的自私呢？因为她觉得洗洗涮涮准备奶瓶给孩子喂奶粉是一件很麻烦的事情，不如喂母乳来的轻松自在，从容不迫，这样能让她感觉到喂养孩子不是那么辛苦。她喜欢芝加哥，喜欢带孩子去谢德水族馆、工业科技博物馆、千禧公园、海军码头等，更不用说什么儿童博物馆、沙滩、操场、自然中心和动物园了。她还喜欢给孩子们大声读故事，对她来说，读一个小时的故事是件很轻松的事。像埃尔文·布鲁克斯·怀特、瑟斯博士、罗尔德·达尔、玛德琳·恩格尔等著名作家写的故事书，都是贝基朗读的材料。

但是，尽管贝基能把上述事情做得很好，这并不能让她感到自己能驾驭“母亲”这个角色，她只是比较喜欢做这些事情而已。过不了多久她就意识到，这些微不足道的事情给她和孩子们带来了无穷的乐趣，在这些小事上的轻松“胜利”让其他的母亲生出了丝丝愧疚之情。因为她们认为只有烹制出营养美味的菜肴，陪孩子们玩各种游戏，或者拍摄整理孩子们的照片才是当妈妈的首先应做好的分内之事。

但是对于贝基来说，这些在其他妈妈眼里的“分内之事”却经常被她置之脑后，她有点怀疑自己是不是过于懒散，对待“母亲”这个角色太不严肃认真了，有时候她甚至认为只有当个全职妈妈才能对“母亲”一词做出完美的诠释。难道只有这唯一的道路可以选择吗？贝基的人生价值和个人特长就只能通过当一名好妈妈来实现吗？她真的希望自己女儿们将来也为了当称职的母亲而放弃工作吗？

所谓“完美母亲”，在贝基看来（她已经开始反思），似乎并不是那么……完美。

## “完美”的新定义

新时代母亲革命给我们带来了若干好处：在我们纠结到底何为自己的人生重心时，在我们寻找能充分发挥自己特长的人生之路时，我们终于开始懂得，每个人都应根据自己的实际情况设计属于自己的人生蓝图。我们要区分一下哪些人生战役是必须要奋力一搏的，哪些斗争是可以举手投降、屈服示弱的。我们开始学着在喧嚣的尘世中寻找一丝静谧，聆听自己内心深处的声音，学会压制自己想要事事追求完美的想法。这也是很多职场女性选择辞职回家照料孩子的原因。毕竟，并不是生活中的每一件事都值得我们全力付出，搞得自己心力交瘁。

我们开始有勇气和胆量走属于自己的人生之路了，而且我们可以昂首阔步向前进。我们在做问卷调查时发现，那些知足常乐型的女性往往不会盲从于他人，不会被世俗舆论所左右，来自朋友、家庭和社会的外部压力对她们的影响较小——有41%的永不满足型女性的行为会受到外界压力的影响，而只有28%的知足常乐型女性会受到外界压力的影响。

我们通过访谈发现，大多数知足常乐型的女性都不会跟别人比来比去，也不会拿外界的标准来评价自己的行为，她们会用自己的标准来进行评价，肯定自己的特长与优势，勇于回击外界对自己的非议。

然而要做到昂首挺胸走自己的路并非一日之功，还需要一定时间的训练与积累。我们采访过的许多女性都表示愿意坚持真理，努力给“成功”下一个属于自己的个性化定义，就算是莫利·摩尔斯·里默这样时刻散发出冷静自信气质的女性，这位宣扬自己深知自己需要什么的成功女性，在被问及如何才能保证充分发挥自己的优势去经营属于自己的人生时，也会禁不住在心里“咯噔”一下，然后优雅地吐出一个词的答案：“练习。”

**莫利·摩尔斯·里默，37岁**
**克利斯蒂拍卖行的副总裁，古董部负责人**
**纽约，阿蒙克**
**罗塞和莉莉的母亲，琳达·摩尔斯的女儿**

我刚当妈妈的时候确实很迷茫，就是罗塞刚下生没多久的时候，我感觉自己忙得昏天黑地，已经完全迷失了自我。我不知道自己到底应该保持什么样的心态，把事情做到什么程度才算是个合格的母亲。当我下定决心辞职回家照顾孩子时，我觉得好像有无数双眼睛在盯着我的后背。实际上真的是有很多人在我背后指指点点，说三道四。不过没关系，我心里很清楚，这就是我想要的生活。对此我认为没什么好辩论的。我想过段时间还会出来工作的，也许一年出来工作个五次或者十次吧。我懂得怎样把事情分出轻重缓急，所以在你们眼中可能没有什么值得排序的事情，似乎所有的事情都应当平均用力，而我却清楚地知道我在什么时间该辞职回家当全职妈妈。

我已经放弃要当一个超级妈妈的理想了。我现在已经知道自己根本不可能做好每一件事情。日复一日，年复一年，我越发感觉到生活其实可以过得更轻松舒适一些。我更加坦然面对自己当了妈妈这个事实，日子过得更加惬意；而作为雇员，现在我也没有太大的压力了。

毫无疑问，我应当努力让自己意识到一个现实问题，那就是尽管我曾经多么希望自己有能力做并且做好每一件事，但是直到现在——罗塞已经六岁半了，我还是没有办法让自己面面俱到，我现在的状态就是承认自己不可能应对每一件事，不可能让每一个人都满意，我的人生就是这样不完美，但我却十分享受这样不完美的人生，这就是所谓“知足常乐”吧。

其实我觉得自己依然是一个完美主义者。我希望在工作上做到尽善尽美，我希望做一名完美的母亲。我也很痛苦，因为每天离开家的时候看到的是孩子们穿睡衣的样子，回到家的时候还是看到他们穿睡衣的样子，我都不知道他们整个白天穿的是什么衣服。作为朋友和家庭成员之一，我也希望自己能做到尽善尽美。

但是，我真的没必要做到尽善尽美，我不需要做一个完美的女人。

就拿莫利来说吧，让她一直甘于过平淡无奇的日子简直就是活受罪，坦率地说，“知足常乐”这个词让她感觉很不舒服。在她的词典里，“知足常乐”就等同于一潭死水，过于平静的人生绝不是她想要的。她希望自己能在每一场人生博弈中都能表现完美，这也是她为什么能够成功的原因之一。莫利把完美主义的生活理念作为自己前进的动力——充分发挥自己的优势和特长，避免冲动给自己带来麻烦。她正在学着做一名信奉完美主义而又不刻意要求万事都尽善尽美的人，两者之间还是存在差异的。

对莫利这样的女性而言，也许最重要的一点就是要学着把关注点放在生活的激情上。

“自从生了宝贝女儿，我就开始爱上了我的工作，”一位女性电视导演对贝基说道，“要是我不爱我的工作，那我为什么要离开女儿来到单位呢？”

其实很多女性已经发现，只要以顺其自然的态度看待人生，由自己内心的需求引领行为，就会发现每一件事做起来都很简单轻松。就像律师利比·温莎说的那样：“想拥有一切的秘诀就是热爱这一切。”

可是说起来容易做起来难，热爱一切对于我们而言并不是能轻易做到的，尤其我们当中的大多数人在成长的过程中都受到了“困难教育”，让我们一直认为任何值得我们去做的事情都有难度，都没那么容易成功。

* * *

亚历克西斯·马丁·尼利在法律学院的时候，选修了一门最难的税法课。

这并不是因为她爱好这门课程（其实她一点也不喜欢），只是她喜欢在最难的课上表现得最为优秀，这种成功感让她非常享受。越是困难的事情，她越是做得完美。可是过了一段时间以后，亚历克西斯发现她通过努力克服困难、赢得胜利以后反而还是不满足，搞得自己精疲力竭还没有成就感。她也很疑惑，有些茫然，有些彷徨，她为什么如此努力还依然没有体会到满足感呢？为什么她没有在成功克服困难以后产生自豪感和满足感呢？

直到有一天，她成为了一名母亲，加入了一所大型律师事务所，她惊讶地发现，原来即便身处最著名的法律圣地，也不是她真正想要的生活——纵然那里灯火辉煌。她慢慢开始重新思考自己的人生理念。

2003年，她从律师事务所辞职了。同年，她的第二个孩子出生了。她开始实施属于自己的产业规划，去找职业与生活咨询师请教相关问题，向成功的企业家学习。她把自己学习的经验和了解到的信息做了归纳整理，然后运用到实践中，设计出一个属于自己的商业运作模式，核心理念就是吸引客户端，并建立终身业务合作关系。

事业的攀升充满了艰辛，2006年，亚历克西斯和丈夫离婚了，也是在这一年，她的业务收入首次达到了100万美元。到2006年下半年，她跟其他几位律师一起筹建了家庭财务规划事务所，把自己的理念广为传播，让更多的人分享她的经验。至此，她拥有了两份事业，两个孩子。

在事业蒸蒸日上的时候，生活似乎朝着疯狂的方向发展了，亚历克西斯觉得自己濒临崩溃了，于是在2008年果断卖掉了她在律师事务所的股份，开始反思自己的生活态度："在某种程度上，我开始意识到自己是不可能把每一件事情都做得完美无缺的。"

令她备感惊讶的是，她在事业和家庭上竟然获得了双丰收——就是在反思了自己的生活态度之后。2008年，她的家庭财务规划事务所收入达到了100万美元；2009年，达到了150万美元。她作为一名产业规划专家频频在各大媒体曝光，《今日之秀》《早安美国》以及美国有线新闻网都留下了她的足迹。让她感到不可思议的是，通过调整自己的生活理念，改变自己的人生规划，降低对自己的要求，竟然能收获更大的成功。当然在这个过程中她也经历了内心深处的纠结与挣扎，毕竟，要化茧成蝶并非易事。

亚历克西斯·马丁·尼利，36岁
律师，企业家
科罗拉多州，博尔德市
卡伊和诺亚的母亲

我也就是最近才站到了“完美主义者”的队伍中，真正接触到了“完美”的意义。这是一种积极的人生态度，因为对完美的不懈追求使我在法律学院的时候就表现优异，完美主义一直是我行动的驱动力。只是在不知不觉中我已经在完美主义的驱使下成了工作的奴隶，成为别人眼中彻头彻尾的工作狂，对我来说，要想彻底放松休息一下简直比登天还难。扪心自问，你们以为“完美”的境界是那么容易达到的吗？没有超负荷运转和极端的投入，哪来的完美？

不过我的生活方式已经发生了翻天覆地的变化。过去我经常对自己说：“要做好每一件应该做的事。”结果就逼得自己永远无法停下脚步休息，永远不能放慢脚步欣赏人生旅途上的风景。我可以不见间歇地连续工作几小时。但是这种状态一点也不好，这根本不是我想要的生活。我一直就是个“凡事都要办好”的女生，这一为人处世的原则让我在诸多方面受益匪浅；当然它也不是万能的，在有些方面执行这一原则就不太适宜。有时这也是一种逃避。

现在的我如果要对某些事物持肯定态度，在确定要付诸行动之前一定会先问一下自己：“我要做这件事的原因是什么呢？仅仅是因为这件事对我有挑战性，激发了我要攻克难关的雄心壮志？还是因为我对这件事感兴趣、有热情呢？”如果仅仅是因为应对挑战而选择做这件事的话，那我会摇头说“不”，我不想再过于透支自身的精力，任由那个被原始驱动力牵着鼻子走的“我”主宰自己的行为。通过一段时间的反思与努力，我逐渐意识到自己被“原始自我”引领了太长时间，而没有给“高级自我”发展的空间，其实“高级自我”引领我追求的才是我真正想要的生活幸福、和谐美满与乐趣横生。

我现在才弄清楚，自己长期以来在潜意识里的信念就是如果不能做到尽善尽美就干脆放手，让事情顺其自然地发展吧，有些事情就是因为有难度才值得去做呢。

我最希望通过自己的努力告诉孩子们的大道理就是：人生可以变得轻松，生活可以过得惬意。

* * *

对于一个时代的人而言，慢慢习惯和适应社会的进步与发展，接纳并理解新的理念还需要经过一个艰难的过程。

当霍利进入法律学院开始学习的时候，她那位在二战后生育高峰中出生的导师格蕾丝就对她进行了“洗脑”：“你要像鸭子一样蹒跚向前。”这个用鸭子打比方的俏皮话在法律写作领域是常见的术语，意思是让霍利要老老实实跟着教授做学问，不要有自己的个性化行为，要严格按照传统的固定模式行事，最起码应该尽量效仿教授。

于是她开始努力向教授们看齐。她写了三篇长长的法学文献综述，附有几百个脚注。这是一项艰巨的任务（很可能是因为她只是强迫自己进入法学领域，她对法律并无多大的学习热情），而且更糟糕的是，这项任务完全提不起她的兴致。然后她悲哀地发现，读过她写的文章的人是屈指可数。“很好，”霍利想，“我辛辛苦苦地整理的那些脚注本来也毫无意义。”她并没有打算当作家，对写作一点兴趣也没有。但是霍利的内心依然很纠结，她必须说服自己要努力争取当最优秀的人，进入最高层人材的行列，即使这意味着要让她压抑自己真正的特长与才华，隐藏炽热的生活激情，体会不同寻常的艰辛。

很久以后，在法律写作导师协会组织的研讨会上，她遇到了一些30多岁的女性，她们对法律写作充满了热情，同时也很严肃认真地参加法律学院的课程——但是并不以获取终身职位或神秘奖学金为目的。她们也知道还可以通过其他途径来展现自己的优点与才情，并且为自己赢得声誉。在共同承受挫折、相互鼓励的过程中，女同胞们建立起了深厚的友情，她们发誓不当胆小鬼，要大胆地走自己的路，让别人说去吧！

## 和平条约：通过树立远大目标来追寻自由

看着孩子们逐渐长大，我们当中的很多妈妈慢慢发现自己内心深处的纠结已经开始让位于更宏观的人生蓝图。随着人生阅历的增加，当了妈妈的我们重新审视了自身的优点与特长，开始意识到个别事件远不如我们的宏观规划更重要，各种人生琐事远不如追求满足感更有意义。我们还可以设计每天的生活模式，这种模式可以不完美，但以长远的眼光来看却是一种和谐平衡的状态。我们也许会因为忙于工作错过了第一天的野营，心中懊恼不已，而过了几年以后又发现其实这件事也没什么大不了的，心里也能接受因为工作而影响陪伴孩子去的事实，感觉心结已经解开了。这就像近距离欣赏和退后几步欣赏一幅名画的差异：近距离看画我们只能看到一片散乱无章的点而已，而退后几步的话则会发现这是一幅令人惊叹的佳作。

凯茜·卡尔霍恩发现退后几步看问题的巨大好处之后，开玩笑说："有时候看一看我的日程表，你会觉得我应该被送入母亲拘留所。哈哈！"

但事实并非如此——她的事业有成，而且还培养了一个颇有修养的好女儿。

难得的是，我们已经发现，自己度过的每一天都是由工作和生活两大块内容构成的，但很少是一成不变的模式，一般是随着时节的变化而发生变化，这已经赢得了大家的共识，几乎每个人在生活中都有同感。当我们最初设定本书的出版方案时，就已经知道自己在未来7个月的时间内会把主要精力放在本书的出版工作上。如果不考虑本书主题的含义，那么我们就不能降低标准，必须要达到完美的要求。但是新知足常乐的理念也不是让我们敷衍工作，只是很少要求我们以完美主义者的姿态站在重要的工作领域内。

拿贝基来说吧，她对待家事近于疯狂的苛刻要求应当适度放宽松一点。饭后不必立刻刷碗盘，也没必要每天都花足够的时间陪伊丽莎白和凯蒂。霍利就不会为了法律专业的学生因兴趣使然而搞的拍卖活动而放弃自己的结婚周年晚宴，她会为了邀请自己的密友们来参加周日晚宴而不去参加考察旅行，放弃周末的常规事务。

10年以后，会有人因为我们堆积了7个月的脏盘子而贬低我们吗？还是会记得我们做了一个出色的“田野调查”？难道让我们的丈夫帮助接送孩子上下学（做早餐）不行吗？起初，这种变化似乎昭示着我们的生活方式发生了变化，但随着时间的推移，我们发现在7个月的时间内可以改变生活方式，但并不能改变我们自己的生活理念。我们并不会因为这段时间繁忙的工作而改变自己对职业的选择，而且很有可能会因为对工作的极度热情而为人生画卷添上更丰富灿烂的笔画。

这就是我们经常用以自勉，同时也与大家互勉的理念，在某个恰当的人生时段，我们应当努力做到知足常乐。

GOOD ENOUGH IS THE NEW PERFECT

# 第4章
# 贤妻修炼指南

- 有时候，我们最大的问题就是没时间。不过我们一定能搞定，先别抱怨。
- 新工作到来的同时就意味着得重新调整家庭任务的分配啦!
- 别光盯着那点刷盘子、拖地板之类的琐事。夫妻间应该好好商量双方怎样承担起抚育子女和家庭劳动的职责，这才是正事。谁都不能撒手不管。
- 伴侣有时候就是我们最大的靠山。

自从二儿子出生后，利比·温莎就快要无法承受这随之而来的巨大压力了：身体上的精疲力竭不说，还要安抚大儿子威尔因为弟弟到来而表现出的醋意大发，同时内心还要忍受无法平衡工作和家庭的这种煎熬。

但是最令人难以接受的就是她和本的婚姻亮起了红灯。她觉得自己无力改变目前的家庭困境，无奈之下只好减少在律师事务所的工作时间，薪水和职位自然都大受影响。尽管她做出如此多的牺牲，但是利比所期待的柳暗花明却并未出现。

在过去，不管是本满怀深情地一遍又一遍看他们的结婚录像，毫无怨言地为利比四处找寻永远不知放在何处的钥匙和手机，还是他身上散发出的“家的味道”，这一切都让利比深深着迷。然而在这段无比难熬的日子里，本身上这些吸引利比的东西仿佛一下子就黯淡无光了，甚至都不值一提。

利比沉陷在对本的不满和抱怨中无法自拔，看老公哪里都不顺眼。让他做点家务吧，得一步一步教他这个该怎么做、那个该怎么弄，俨然是他的老板，一样接着一样指导他去完成家里如山的家务。真是还不够自己累的呢！所以偶尔本哪天早回家想要帮忙给孩子换换尿不湿什么的，利比也懒得张口，索性都自己弄了。

不在沉默中灭亡，就在沉默中爆发。一天晚上，当利比把家里的事一一安排妥当后，内心的暴风雨就要来临了。她先饿着肚子四处搜寻吃的（保姆只负责给孩子弄饭，他们两口子却只能让肚子唱空城计），然后拖着疲惫的身体想赶紧在两个孩子半夜轮番哭闹前让自己睡会儿。每天晚上在利比渐渐入睡之时，让她无比愤怒的戏码必然会上演：刚要睡着孩子的哭声就响起来了，她根本睡不了安稳觉，而这时候她的丈夫本却在楼下呼呼大睡呢。在利比看来，面对半夜一个两岁的孩子和一个小婴儿都醒来，同时哭闹着要跟父母睡这样的难题，本压根儿就不想去触碰，而且也束手无策。

利比忍无可忍，决定跟本当面谈谈，要求他别让自己一个人来对付两个“小恶魔”每晚的轮番折磨。前几次本找了一大堆借口，到最后索性借口都懒得找了，直接就说他帮不上什么忙，也不想负起什么责任。本来利比就因为极度缺少睡眠而非常烦躁，听到本的这番话后，她怒火中烧，暴风雨来临了。

2009年9月的一个夜晚，本在楼下酣睡，利比在床上辗转反侧了5个小时候后，她向丈夫发出了最后通牒：要么去学习怎么样承担家庭职责，要么就离婚不过啦。她开车到了办公室，一天都在愤怒和烦恼中度过，直到最后筋疲力尽。她给本打了个电话，让他下班后在家附近的公园见面；然后打电话给保姆，让保姆把孩子先送到姥姥家。

利比打算见面的时候好好折磨折磨老公出出恶气；本呢，受不了任何人对自己发火，老婆也不例外，而且利比又是那么固执。

但当利比一见到本的时候，她立马就狠不下心来，毕竟这是多年前轻而易举赢得自己芳心的帅哥啊，再说利比也看得出来本很愧疚。他俩聊了快一个小时，本非常认真地听着，态度诚恳，而且觉得的确是不应该把太多的家庭重任全部推给老婆。两人决定要去找专业咨询师帮助他们解决两人在一起生活15年后存在的一些问题。利比和本两口子相谈甚欢，他们还找地方喝了一杯，然后一起回家。

事隔3个月后，利比再回忆起那段难熬的时光觉得简直恍如隔世，甚至觉得压根儿没发生过。她说："当你处于那个阶段的时候，晚上没法睡觉白天还要工作，你真的感觉自己快垮了。"利比简直不敢想象如果自己不做出改变的话，该如何渡过这个难关。过去她以为自己谁也指不上，但是事实证明并非如此。

本已经不再自顾自地睡觉，而是开始帮忙照看孩子，利比也没那么烦躁郁闷了，并且大儿子威尔和小儿子安德烈能够一觉睡到大天亮啦……

柳暗花明的好日子终于到来了！

* * *

我们想平衡好工作和家庭的动力经常要取决于婚姻状况。女人们都不得不承认，想经营好自己的婚姻生活的确不是那么容易，特别是有了孩子之后。

访谈中这样的事情我们听过了无数次：所有的女人都明白幸福美满的婚姻会让一切都顺风顺水，一些女性甚至为了婚姻付出所有。有人能一口气给你举出一大堆朋友的例子，她们的婚姻影响了事业的选择，甚至使得她们彻底放弃工作，回家去做全职太太。有人告诉贝基，她的好几位朋友无比羡慕她可以继续工作，因为她们的丈夫不让她们出去上班，即使她们都毕业于常春藤名校。

在我们的调查中，超过10%的母亲认为她们最大的问题就是牺牲了婚姻或是伴侣关系。谈话中，一部分人直言不讳地承认她们把婚姻放在最后一位，因为婚姻里有太多让人头疼的事情——家务该怎样分配，如何才能当个好父母，夫妻双方在家庭该扮演什么角色等。

现代婚姻常常让人感觉像一场游戏，在这场游戏中我们每个人都得参与，然而手里却没有游戏规则手册，一切要靠自己。我们在自己的生活圈子里努力应对生活的方方面面。我觉得我们得感谢时代，这个时代让“母亲”的定义更加广泛，不受太多条条框框的束缚，但是这个时代的母亲又该是什么样子呢？是应该庆祝我们的女性身份、享受性别带给我们的福利呢，还是说出去为男女平等而努力奋斗？或者这两样我们都想要？

妮基在遇到她未来的丈夫汤姆的时候也是这么想的。那时候汤姆是肯塔基大学法律系99级的学生，妮基比他高一级。他在学生休息室第一次见到妮基的时候，就被她的自信果敢深深吸引。

“在我眼里她真是可爱极了，而且再完美不过了。”汤姆跟霍利这么说。

妮基的妈妈就常开玩笑说，她女儿的专业就是参加各种课外活动。妮基是学校里的新生负责人，还是女生联谊会主席，希腊语荣誉学会主席，还曾经作为学校合唱队成员远赴法国和比利时演出。

汤姆被妮基活泼开朗的天性迷得七荤八素，苦苦追求，终于有了跟妮基出去喝杯咖啡的好机会了。从那次约会后，两人很快就如胶似漆，于2002年迈入婚姻的殿堂。他们的一切都让人羡慕——甜蜜的爱情，良好的教育，前途无量的工作。

婚后两人都知道他们需要可爱的孩子，也明白两人都得有各自的事业。两人从谈婚论嫁时起就不止一次谈论过两个极有抱负的律师在一起时，如何才能生活、工作两不误。

上两三代人跟今天的我们可不同。家庭当中男性和女性各有分工，通常是妻子主内，丈夫主外。所以，我们发现自己拥有的选择越多，想要的东西也就越多。我们既希望丈夫无微不至地体贴，又需要保持自己的独立；既要家务事平均分配，还想让自己在家里说一不二。在我们的调查中，妈妈们不止一次地说，尽管她们想让丈夫在家里多干点活，但是很难保证他们二话不说投入地去干，再说做得对与不对那还是后话呢。几乎所有的女人都把丈夫在家务劳动中的角色视为“帮忙”，而且不管两人怎样磨合，家务事依然是两人和谐相处的“绊脚石”。

妻子们得到的“好处”是毋庸置疑的：丈夫们做的家务越来越多，陪孩子的时间越来越长；科技在帮助着我们减轻家务劳动的负担；有了孩子后我们依然有很多自由，而且可以完全按照自己的意愿来决定该如何建设自己的家庭。

然而，很多人发现现实和预期差别很大：调查中的很多母亲惊讶地发现自己跟20世纪70年代的母亲没什么两样，依然每天焦头烂额地处理家里这些事。一项又一项研究表明，尽管男人也在分担家里的事，但是在家务劳动上女人却还是比男人干得多，虽然夫妻双方都出去工作、都有收入，甚至妻子的收入比丈夫的还要高。

但是解决这个难题并非易事。对我们大多数人来说，找寻一种相对合理的伴侣关系就像玩魔方：为了完成一个面，结果把其他五个面都弄乱了，要想把每一面都弄好，那简直太难了，让人崩溃啊。毕竟，婚姻是两个人的事，不能光靠自己就重新安排彼此的角色，也不可能仅仅关注一个人的情绪。相对过去而言，我们同时代的男性已经有很大的改变了，他们小的时候也可以玩布娃娃，成年为人父后也愿意为孩子换尿布。但是，总的来说，男性花在工作上的时间仍然比女性要多。其实，我们好好算算这笔账，如果把外边工作和家务劳动都算在内的话，夫妻双方负担的基本上差不多。逐渐地，很多丈夫发出这样的疑问：难道不能让我们把工作、家庭结合在一起吗？那我们该怎么办？

想要重新分配时间就像玩魔方一样，我们压根儿玩不转，想要从头再来又感觉还没准备好，所以有时候我们非常想了解到底谁知道解决问题的答案。研究发现，那些对自我工作、家庭定位非常满意的女性通常婚姻都比较稳固，家庭生活甜蜜幸福。此后的调查也证明了这个观点：36%的女性认为自己为家庭或是工作付出太多，而17%的女性认为跟伴侣关系不好，甚至是个“灾难”。这36%的女性认为她们的付出恰恰反映出她们把家庭或者工作放在了首要位置。

这样就带给我们一个“鸡生蛋还是蛋生鸡”的难题：究竟是婚姻中的沟通问题使得妻子不平衡，还是说心里不平衡导致沟通不畅？有趣的是，这两个因素似乎是相互影响、相互交织，共同作用导致你对婚姻的不满意。你的时间被工作和孩子分割得七零八落，婚姻生活势必会受到影响。以下是三位妈妈的心声：

本该跟老公待在一起的时间都花在工作上了，这样让我们的夫妻关系大受影响，家里的气氛大不如从前。

为了不请保姆、自己照顾孩子，我和丈夫专门错开工作时段，这也就意味着我们平常能见面的时间屈指可数。

我们夫妻之间的工作安排完全不一样，现在我们儿子不是跟妈妈一起就是跟爸爸一起，没办法同时让爸爸妈妈陪着。

采访中一位妈妈这样说：“你不能放弃孩子，也不能放弃工作，当然我也不应该舍弃婚姻这部分，不过当它与工作和孩子发生冲突的时候，它就最容易被忽略啦。”

那些对家务分配没什么怨言的妈妈，通常来说，打扫卫生、做饭什么的都有人帮忙，或者说在一些家务事上睁一只眼闭一只眼，没那么追求完美。家里没剩下多少事了，这些妈妈仍然和丈夫一起来做，尽管如此，两人还一个劲儿地抱怨没时间。

家里的这些事，不是简单的协商谈判。对我们大多数人来说，婚姻生活中的风风雨雨是我们漫漫人生征程中无可避免的，这些都让我们在职场和生活中一帆风顺或是步履维艰。但是有一点是肯定的：我们都应该把婚姻生活放在重要的位置，因为婚姻生活要历经种种考验。

## 离婚家庭的女儿们

今天的时代跟我们童年时期已大不相同。那时候在我们成长过程中，离异的婚姻属于普遍现象。1965～1980年，每年的离婚率成倍增长，1981年达到了顶峰，这样的社会氛围给那时的孩子，也就是今天的父母刻下了不可磨灭的印记。虽然研究者无法清楚地说明到底是哪一个原因导致离婚率的不断攀升，但是急速上升的离婚率与很多州陆续修改婚姻法、取消过失离婚原则、“性革命”带来的性道德变化以及越来越多女性出去工作这些因素都不无关系。

离婚是我们访问调查一直以来比较关注的主题。任何一位经历过家庭破裂的妈妈，不管当时她是成年还是未成年，离婚给她心里留下的阴影会一直存在，影响着她对待家庭、看待工作的态度。这种经历不仅让她们积极追求幸福的婚姻，而且使得她们渴望得到人格和经济的独立。在我们的调查中，超过50%的受访者表示，她们之所以努力工作就是因为她们不想在经济上依赖另一半。

一位马萨诸塞州的律师，在她14岁的时候父母结束了痛苦的婚姻生活，她说自己结婚的时候对于要不要改姓内心挣扎了好久好久。一方面，她不愿意跟着父亲姓了，毕竟父亲已经离开她的生活。但是另外一方面，她也不太愿意用丈夫的姓，她是个大女人，不想从此失去自我。纠结过后，她最后随了丈夫的姓，不过把原来的姓放在名字中间：Danielle G.Van Ess。最终她发现这个名字完完全全属于自己，可以充分表达自我，而不是感觉依附于丈夫之下。这让她松了一口气。

很多年轻女性关注的不只是改名本身，更多的是担心失去自我。她们还在小女孩的时候，就目睹过自己的母亲在婚姻中的苦苦挣扎，长年不去工作脱离社会，因此一旦她们长大成人，就有很强的独立意识，从来没想过要在经济上依靠男人或者通过他们来获得自我认同。

**朱莉，35岁**

**堪萨斯州一家网络营销公司的独立顾问和副总裁**

**三个孩子的母亲**

我妈妈全身心投入到家庭中，现在她却一无所获。她离婚了，孩子们长大了而且都有了各自的生活。她现在过得太不容易啦，在生我姐姐前她是个护士，之后就全职在家了。

我现在真是觉得，必须要做点什么，不能每天围着老公孩子转。我一定要出去找点事情做。

这对我来说非常重要，事关身份和地位。

我们既想保持个性的独立，又希望拥有幸福稳定的婚姻，要想处理好这种矛盾我们就必须在工作与家庭中找到合适的角色。我们都清楚不能牺牲自己的事业前途，同时也明白应该在婚姻中多花点时间和精力。我们都亲身经历过放弃家庭或工作带来的严重后果。

贝基面对选择犹豫不决的时候，让我们想起她母亲身上的故事：贝基的母亲，朱蒂，年轻的时候放弃了很多的梦想。

少女时代的朱蒂一直希望以后能从事新闻行业，当记者或者是专栏作家。她还在上高中的时候就已经给自己想好笔名了：Allison Hall，这是以她1964年夏天作为学校记者团成员在西北大学住的宿舍来命名的。她读高中、上大学的时候都在校报工作，在密苏里大学的专业也是新闻学，每年暑假在圣路易斯和罗彻斯特的报社实习。正因为有了如此丰富的经验，所以她毕业的时候，好几个报社都想要她，包括长岛《新闻日报》这种很有影响力的媒体。

但是她已经跟贝基的父亲拉里订了婚，那时候拉里在罗彻斯特的一家晚报社工作。因此朱蒂放弃了去《新闻日报》这样近在咫尺的好机会，回到罗彻斯特，在婚前当了几个月的记者。1969年，爆炸性的新闻可真不少：人类登上了月球，爱德华·肯尼迪在查帕奎迪克岛附近遭遇车祸等。但是这一切都跟朱蒂已没有太大关系，她的新闻事业难以继续：先是在感恩节前她辞职去结婚，然后虽然还想返回工作岗位，但是事情并没有朝着预期的方向发展。

起先，拉里被征召入伍，因此这对新婚夫妻就前往俄克拉荷马州待了将近10个月。在那儿朱蒂在一家报社工作，等着两口子再回到罗彻斯特的时候继续过去的工作。然而就在他们准备回去的时候，事情有了变化：按照政策，在拉里服役期间，过去的那家报社一直给他保留着职位，但是朱蒂不能在这儿工作。报社为了避嫌不任用在职人员的配偶。拉里自从报道过阿提卡州监狱暴动后，声名鹊起，不断升职，最后成为报社的总编。

与此同时，朱蒂在努力找跟过去差不多的工作，但缺少点运气。一家职业介绍所介绍她去当接待员，朱蒂对这类工作没有兴趣。后来她当妈妈了，1972年她有了贝基，1976年第二个孩子皮特出生。朱蒂做了妈妈后无比幸福，但是内心深处总是空荡荡的。她知道她跟新闻事业渐行渐远。只是这一切，她从来没说出来过，任劳任怨甘于当个传统的母亲。然而这些选择却让她做出了巨大的牺牲。

1993年贝基的父亲要调往另外一个城市工作，朱蒂不愿意放弃她在当地大学的新工作。当然还有另外一个原因，就是过去那次为了丈夫放弃大好的工作前途一直让她非常遗憾，她实在不想重蹈覆辙，所以她提出了离婚。

在贝基面对工作和家庭左右为难、无从选择的时候，父母离异的事情又在她脑海浮现。她想知道该如何避免母亲20多年的深深遗憾呢？怎样才能既陪在孩子身边又不至于让自己一事无成呢？朱蒂和拉里都告诉贝基，时代不同了，她不会重走母亲的老路。她父母分开有很多原因，不是单单某件事那么简单（当然两人之后都过得挺好的，朱蒂到世界各地去旅行、追求着自己的事业；拉里呢，重新建立了家庭，又生了两个女儿，日子过得很幸福）。

朱蒂告诉贝基，她所考虑的这些事肯定会对她有好处。但是，贝基心中仍然忘不了妈妈的遗憾，所以当离开《太阳时报》的时候，她知道自己必须要谨慎行事，不要走上跟母亲一样的命运之路。那个时候她知道自己做了一个完全正确的决定，但是她也明白以后还是要继续工作。

的确，她就是这么做的。

* * *

多年以后，贝基问她母亲，如果时光可以回到过去，她会怎么做。朱蒂想了一会儿，说："我想我会去长岛的《新闻日报》工作，而且也不会那么早结婚。"回想往事，朱蒂说拉里在俄克拉荷马州服役的时候，她最起码可以在《新闻日报》开始自己的职业生涯，订婚的时间也可以再长一些。可在那个时代谁又会想到这些呢？当时只有朱蒂超级有远见的祖母（在20世纪30年代她担任地方学校董事会主席）对朱蒂的选择有几分担心，希望朱蒂能继续自己的工作和事业。

贝基结婚的时候26岁，霍利24岁。1970～1998年这18年间，女性结婚年龄从20.8岁上升到25岁，到2008年已经升至26.5岁。我们这次受访的大多女性在她们结婚或者生子前已经在工作上站稳了脚跟，结婚生子以后，面对如何平衡工作和家庭这种难题的时候就比较从容自如了。需要随时调整工作表的时候，她们没问题；需要换个工作的时候，也没问题，简历上的业绩绝对拿得出手。一些女性在结婚前还要跟未来的丈夫"试婚"，看看是否适合在一起生活。

一些研究者认为晚婚趋势对离婚率的降低有一定的影响：截至2007年，离婚率降至1970年以来的最低点。结婚的比例也降低了，不过婚后夫妻双方都比过去成功。在20世纪70年结婚的男人中，大约23%的人在婚后10年内就离婚了，而90年代结婚的人10年内的离婚率却只有16%。

努力经营婚姻、尽量不离婚并不是我们漫长人生道路的唯一目标。我们很多人迈入婚姻后还希望能够得到上辈人没得到的平等，不管是照顾孩子还是做家务都能够把这目标付诸实践，但是最终发现要真正实现平等比我们想象的要难得多。

## 共享人生的第二次转变

金过的日子可真让人羡慕，她经营着一家公司，她的生活给人感觉总是那么有条不紊，可能是因为她随和的个性或是她看起来总是专注投入、自信十足，也可能是她善于让自己保持好心情。这不重要，反正她总是很快乐。但事实上金并没有每分每秒都开心如意，她和丈夫斯科特都为了维持当前的生活状态而十分辛苦地工作着，他们在职场上打拼得很辛苦，精神上也压力重重。他们向生活导师求助，发泄心中的郁闷，希望能努力找到一条合理的途径去缓解由于时间紧张、生活节奏过快而产生的一系列问题，而不是一味地指责对方干得太少。

他们注重情感交流，而且还有生活导师，遇到难题两人齐心合力想办法解决，而不是互相指责。

他们的这些付出带给他们丰厚的回报：两人一起分担着家庭的职责，不论是管孩子还是做家务；两人家庭无比幸福、事业春风得意。我们在调查中发现，有个靠得住的好伴侣绝对有助于女性兼顾工作和家庭，这些女性在工作上精明能干、有条不紊，为人处世宽容大度。这一点被大多数妈妈认同，将近43%的人强烈同意伴侣的支持帮助她们平衡工作和家庭的矛盾。

**金，43岁**

**在伊利诺伊州经营着一家食品公司**

**三个孩子的母亲**

这正是我想要的生活，有个像斯科特这样的好老公，我特别知足。我们彼此心心相印，十分默契，所以我俩情比金坚，相互扶持。

斯科特当爸爸真是没得说啊！他风趣幽默，体贴入微。跟女儿们待在一起时，他非常敏锐机智，知道她们在想些什么。这并不是说他完美无瑕，但是他一旦发现自己错了就会立刻道歉。他跟儿子在一起时呢，就带儿子做些男孩们喜欢的事情，比方说打个篮球什么的。他在三个孩子的生活中无法替代。

斯科特已经跟他的父辈有很大的不同啦，他愿意与时俱进，愿意不断成长。

我们都知道人生在世要珍惜当下，所以我俩用饱满的热情努力来经营公司、建设家庭、照顾孩子，我们很快乐。

日子一天天地过，不管是收拾房间还是刷盘子洗碗，我们都尽力做好。我们都不太在乎谁该干什么，过去为了这些我俩没少吵架。但是我们很快意识到，有了孩子以后，我们必然会为更多的事情有争执，其实发生争执最主要的原因就是事情多、时间少。所以，后来我们不再是互相嚷嚷，而是一起商量这些事该怎么办。

从金描述她稳固而又平等的婚姻生活可以看出，他们两口子为家庭着实付出不少。不过尽管人们对于家庭中男性和女性扮演角色的认识不像过去那么死板，但是传统的影响还是巨大的，而且这些转变也无法完全消除男女双方对于家务劳动分配的争执。男性越来越多地参与到家庭劳动中来，但是没完没了的家务事依然纠缠着女性，哪怕女性也外出工作。夫妻双方都外出工作，女人做的家务仍是男人的两倍多。

看看下面的调查研究结果：

- 夫妻双方都有全职工作的家庭，母亲每天平均花2.1小时做家务，包括打扫房间、做饭、收拾院子等，而父亲只做1.4小时。然而，男性在工作上投入的时间更多些，平均每天6小时，而女性基本上是5小时。

- 56%的已婚职业女性在有时间的情况下愿意做家务，能做到这样的男性仅有18%。
- 不管是全职妈妈还是工作的妈妈，她们都愿意去清洁浴室、洗洗衣服，而爸爸们更喜欢修剪草坪或者倒倒垃圾。相对男人而言，女人们更有耐心去照顾生病的孩子，更有热情去安排生日聚会。
- 58%的女性认为家务劳动分配对她们不公平；11%的男性觉得对他们也不公平。

最让我们吃惊的是最后的统计，很多女性竟然不认为家务劳动分配不公。

布法罗大学劳动分工研究专家布莱尔副教授对此问题是这样解释的："社会大环境给了女性很多工作机会，她们可以和男性一样打拼，但是家庭当中依然是传统观念占据着统治地位。这实在是太荒唐了。"

他认为单单数字也说明不了全部问题。调查没有说明这样的事实：女性做家务一般都是好几件事情同时干（经常还得带着孩子），而男性更喜欢一件接着一件地做。他们也没有说明由于男女心理、生理的不同，使得他们愿意做的家务也不一样，很多女性愿意承担那些更累人又乏味的苦差事。

很多研究者对于家庭中依然存在男女不平等的问题有各种各样的解释，不过大家都认为导致这个问题的罪魁祸首就是我们根深蒂固的传统观念。

的确如此，这些接受采访的妈妈们发现自己无论是否工作，都不由自主地扮演着传统的女性角色，即便是我们刚才提到的金和斯科特也不例外。当然传统观念不足以让夫妻产生矛盾，但是金却注意到了这一点，而且她非常清楚现在的家庭模式绝对受成长环境的影响。

2009年12月一个安静的周四上午，金和贝基在金的厨房里聊天。在贝基来之前，金就给贝基打好了预防针，她家超级乱，让贝基千万别介意，而且她还跟贝基开玩笑说："批评我家乱其实就是说我这女主人不合格。"实际上，贝基来到她家后发现，这里既没有乱七八糟也不是毫无生气，而是感觉无比温馨和惬意。

灿烂的冬日阳光晒在身上暖洋洋的，她家里养的那只名叫奥提斯的大白狗在旁边瞎溜达。金说奥提斯特别喜欢啃鞋，谁的鞋都啃，而且还经常破坏玩具。金告诉贝基，有了奥提斯就可以很好地教育孩子们，不要太在乎身外之物。前一分钟它还属于你，一转眼就没了，因为它已经被奥提斯吞了。

贝基问金对于做家务的看法，她想了一会儿，这样回答："按照传统观念，我应该在家里带孩子，做剪报，衣服都按季整理好，把一切都收拾得井井有条，所以我不由自主地就朝那个方向靠拢。但是呢，我又觉得我是现代女性，不应该这样啊，所以我内心十分纠结。"

"不过……"说到这儿，她笑了，"纠结归纠结，孩子有个头疼脑热的时候，我肯定第一个冲上前去。我爱他们，我是妈妈。你能体会吗?"

尽管一些妈妈不愿意比爸爸做更多的家务，但是很多人发现要摆脱传统的这种影响非常非常难。

* * *

詹妮弗义不容辞地包揽了很多家务：每天给丈夫做饭，孩子小的时候在家里带孩子，陪着孩子上亲子班。她自豪地承担起这一切，从来没为自己因此放弃工作而后悔懊恼。后来她随着丈夫乔纳斯搬到北卡罗来纳的威灵顿待了一年，她老公是电视电影的编剧、制片人，事业上颇有建树。

不久以后，乔纳斯跟詹妮弗商量想以后就定居在北卡罗来纳，那时候，她突然意识到："天啊，我真的有点六神无主。我现在就是一个全职妈妈，以后还要搬到南方去，人生地不熟又没有工作，真是彻彻底底没了自我。那个时候真是难熬！"

最终，这对夫妻搬回到加利福尼亚。一年以后，詹妮弗和芭芭拉一道拍了母亲题材的网络剧《詹妮弗和芭芭拉：母亲的生活》，她的生活重新又快乐起来了。这部片子涉及的都是妈妈们关注的各种话题：婚姻交流、社交礼仪、重返职场、全职爸爸、家庭纷争、产后抑郁、身体冥想等。她们还邀请到很有名气的嘉宾以及各行业的专家，比如说儿科医生啊，心理专家、人生教练什么的。詹妮弗和芭芭拉在剧中素颜出镜，展现的完全都是真实的自己，她们讨论了婚姻生活历经的艰难。她们还互相开着玩笑，看得出来两人友情深厚。从着手准备这部戏开始，詹妮弗就非常愉快，她很喜欢跟芭芭拉一起工作，她想为女人们做点有益的事，她要一直坚持下去。

这部戏既有大公司提供的技术支持，又有赞助商，一切都非常顺利，而且放映没多久就开始营利了！

这样的生活就一举两得！詹妮弗能够安排时间充分发挥自己的才能和优势，而且她还能做些自己喜欢的家务，这样她既能赚钱还能顾家，多好！在我们为了本书召开的座谈会上，她说："女人就应该好好顾家，这样才能体现出我们对家庭的热爱。生活中我把我老公照顾得无微不至，为他精心准备可口的饭菜，他每天都觉得幸福极啦！当然我也乐在其中！"

当然这并不意味着家庭生活的所有方面她都喜欢，她喜欢妻子、母亲这样的角色，但是不喜欢烦琐的家务劳动，这些家务事对于正在开创新事业的她来说绝对是个沉重的负担。

《詹妮弗和芭芭拉：母亲的生活》这部戏火了，截至2009年11月，浏览量已达到6700万次。第二季正在制作中，还有赞助商蜂拥而至。

伴随着事业的成功，肩上的负担也在与日俱增，在这种情况下，詹妮弗意识到她和乔纳斯根本没打算重新回到双职家庭的模式中去。乔纳斯从一开始就非常支持她，而且两人都愿意花钱请人打扫卫生以及做某些家务事。然而家里依然有很多事情是没办法也不可能请人来帮忙的，剩下的重任依然沉甸甸地落在詹妮弗的肩上。

**詹妮弗·佩特**

**《詹妮弗和芭芭拉：母亲的生活》的制片人、主演**

**洛杉矶**

**两个孩子的母亲**

回归家庭后再走入社会，对我来说，绝对是个巨大的挑战。我丈夫是个好老公，我们真心相爱。但是，要让他也接受我角色的转变也比较费劲儿。我当全职妈妈的时候，他在外边赚钱养家，我负责在家打扫卫生、洗洗衣服、做做饭之类。他肯定希望他主外我主内，对此我烦透了。我喜欢跟孩子们在一起，但是我不想成为全职太太。

在经过无数次斗争后，我终于让他明白：现在，我也工作了。

现在的我要兼顾家庭和事业。几周前在我去纽约之前，我留下纸条叮嘱：这是孩子们上的课，这些是那些她们常去的人家。这是我的行程安排，这是我住的旅馆。所有的事情都在上边，看到了吧？可是他出去的时候呢？

我给你描述下他去温哥华的情景吧：一辆车开过来停在马路上，他上车，头也不回地就这样出发了！我当时就在想：我俩可真是天壤之别啊！

我就跟他说："这简直太不公平了吧！"他还想狡辩！说实话有时候想要和颜悦色地跟他沟通交流实在是做不到，真的，我被他气得直想发火。

很多妈妈控诉总是因为家务事与丈夫发生冲突。霍利的丈夫约翰是新闻学教授，也是作家，他为我们的博客写了一篇很有意思的文章，说出了男人的心里话。

如果你结婚了，那么成为模范太太的机会就在你面前！

观察观察你的丈夫，了解了解他的育儿习惯。他会准点接孩子放学（或是晚那么几分钟），但是绝对不会专门早去一会儿跟老师交流下孩子的新情况。他也不在乎花生酱三明治切没切，在男人看来，孩子偶尔被做三明治的面包皮呛一下只会让他更强壮。他认为体罚孩子绝对没用，但是他能原谅自己时不时给孩子来两下。

即便是一个在工作中精益求精、追求完美的男人，回到家后也不知不觉比较懒散随意，只想优哉游哉地待着。这是我们男人的天性。

我们的一位女性读者在看完这篇文章后，这样写道：

太有意思了！不过男人们觉得家里差不多就行了，是因为他们知道家里有妻子给收拾"残局"呢……

这些话虽然有不少是开玩笑的成分，不过某种程度上也能反映出人们由来已久的观念。贝基想起来和丈夫皮特过去生活的点点滴滴。那时候孩子们还小，皮特对于如何照顾孩子完全没有头绪，一无所知。贝基看着自己老公，这个学历又高、人又聪明的家伙，竟然连衣服都给孩子穿不了。

贝基发现自己被家务折磨得疲惫不堪。皮特打扫了厨房还不如不打扫，贝基看到后，气不打一处来，只好把他轰出来自己亲自动手，然后抱怨自己命苦无助。

贝基后来才得知自己的这种心态属于“母亲守门”。在足球比赛中，守门员的职责就是尽最大努力避免对方球员将球射入门内。家庭中，母亲如同守门员，紧守家务劳动和教养孩子的大门，让父亲难以参与到家庭职责中来。

贝基开始反省：难道仅仅因为皮特不够爱惜厨房用具或者没有按自己的方式清洁地板就把他轰出厨房吗？自己保持好厨房卫生了吗？难道自己真的要成为电影《蜂王》[①]中的那个主人公吗？其他聪明女性怎么控制自己在家里大权独揽的“野心”呢？

为了解开心中的困惑，贝基向霍普金斯大学心理学教授弗朗辛请教。弗朗辛说，女性很难摆脱家庭传统角色和根深蒂固观念的影响，因为这种影响力无处不在，语言、观念，甚至是玩笑都潜移默化地浸润着我们、熏陶着我们。比如，一个女人当妈妈后，经常会有人问她工作怎么办，可从来没人问过男人这样的问题。还有我们经常会用“帮”这个词来描述男人为家里做事（在我们的调查报告中，我们的确用过。女性被问及有哪些因素帮助她们平衡工作和家庭的时候，她们的回答其中一项就是：家里的事我丈夫可以帮我）。

弗朗辛告诉贝基：“其实女性骨子里希望自己当个好母亲，而且这意味着她们也要成为家里的‘一把手’。我们通常都低估了社会压力对男性和女性扮演传统角色的影响。一般都认为，女人应该管家，男人可以当

① 译者注：一部对夫权社会中的婚姻道德进行嘲讽的电影。

甩手掌柜。这种社会的影响是无形的，人们都受到影响，可没人知道究竟是怎么回事，还以为是自己选择的结果呢。”

这就不难理解为什么很多聪明强势的女人惊讶得发现自己竟然不知不觉担负起传统意义上母亲的职责，这一点可是自己过去非常排斥的。弗朗辛的观点给我们提供了很好的角度来理解女性在家里事事包揽的态度。

不过弗朗辛教授也告诉了贝基一些可喜的情况：要求男女公平承担家庭职责的运动在大大推进（的确如此，我们调查发现很多女性在她们的家庭中夫妇职责比较平等，或者说她们为此而努力斗争）。但是，对很多夫妻来说，要实现这个目标还需要一些条件。比方说，夫妻双方工作价值应该不相上下——这里指的不是薪水，而是彼此的尊重程度。“不管是外边的工作还是家里的事情，每个人的工作都应该被尊重、被肯定。”弗朗辛说。男女双方都应该负起家庭和社会的双重职责，伴侣应该跟他（她）共同面对，最起码要表示支持。

如果能做到这些，由此带来的益处是非常非常大的。

“当我给自己的书写序的时候，我写了下面的话：‘我不想去感谢（我的丈夫）跟我一起来分担家务劳动、负起家庭职责’，因为这样他会跟我的儿子建立一种关系，而这种关系本来一直是我独享的。”她说。“这么好的事去哪儿找去呢？这就像长久以来严格保守的秘密——母亲可以和孩子们建立深厚密切的亲子关系，而父亲一般则做不到。”

夫妻共同承担教养孩子的职责还有另一个好处，那就是可以增进夫妻感情，这也是马克和艾米这两口子非常赞同的一点。他们写了一本名为《新时代父母指南》的书，在书中讨论了这个问题。他们认为，当两个人步入父母行列的同时也就意味着他们成为看护孩子、工作职场、家务劳动、休闲娱乐的同伴。

在抚育孩子、养家糊口、家庭劳动以及休闲娱乐这四个方面，他们强调夫妻应该多在“分享”上努力而不是机械地“分摊”。

艾米告诉霍莉说：“机械地分摊没什么好处，只会把家里的这些事弄得无比没劲儿。我们告诉人们别陷在其中，跳出来好好考虑下你们想要怎样的家庭关系，这样能让两人想到一块儿去。如果他们都能有这样想法的话，那么周二究竟谁洗碗才有了意义，而不是只局限于洗碗本身。”

艾米说：“解决事情的关键就是要权力共享，两人都是董事，而不是一方是CEO，另一方是下属。”

下面是艾米和马克夫妇提供的一些心得：

- 两人都在家的时候，商量一下谁负责管孩子，谁来做杂务、跑跑腿或者看看邮件。
- 你如果出去玩就痛快去玩，别提前为家里准备这个那个的，比如说：别提前准备好吃的东西；别列出他们需要做的事情的清单；别打电话到家里问东问西的，如果打电话就给大家问个好，说说你在外边的生活就够了，别问孩子们有没有洗澡之类的。
- 别试着提醒对方该怎么照顾孩子。如果一方什么事都操心，另外一方自然而然就撒手不管啦。
- 夫妻两人一起干活的时候，应该就以下三点达成共识：第一，应该做些什么；第二，应该什么时候做完；第三，怎样彻底地完成任务。
- 最后一点，不要事事追求完美是两人“共事”所不可缺少的。

马克·瓦尚，47岁

IT专家、作家

曼彻斯特

两个孩子的父亲

我不想追求这样的生活模式，不想成天刷碗！我想让我们的生活回到没孩子时的方式。我们周末出去玩儿、去打网球、去徒步旅行，我不想放弃这些。

我们不追求完美，但是不能忘记理想。如果你认为你想要平等的夫妻关系，那么这个理想就值得坚持。我知道肯定不容易，但是绝对值得为此而努力奋斗。

## 新时代婚姻：暴风雨中的温馨港湾

因为夫妻两人一起分担教养孩子、完成家务的任务肯定会遇到一定的社会压力和困难，所以很多受访者谈到自己工作的时候必然会谈及她们的婚姻。人人皆如此。

女人有了丈夫的帮助会让自己做很多事时要容易、轻松点。毕竟，现代婚姻不只是棘手的性别角色冲突，也不只局限于那些刷盘子洗碗的事情，更多的是彼此的支持和帮助。在调查中，很多女性特别地提出，她们的丈夫在情感上或者其他方面的支持对她们来说是必不可少的。对我们绝大多数人来说，体贴入微的丈夫和充满活力的婚姻绝对是人生中的无价之宝。

不信，你问问珍·坎特。

* * *

对于珍，你首先要明白的就是：世上像她这样的女子不多。她有两对双胞胎，不只一份工作；她17岁就上国会做过证；她不惧怕任何打击和困难；她目睹过生活的艰辛；她很难理解为什么有些人不能跟她一样。

青少年时期她在纽约发起了一项运动，要求含有酒精的瓶子上必须贴警示标签。她见了参议员，而且向一个参议员委员会作证，还参与了1988年美国酒精饮料贴标签的运动。有一次，有位华盛顿的律师专门打电话给珍的母亲，向她解释珍需要出席参议员的一个听证会，请她不要阻挠。直到今天，这件事还依然被珍所津津乐道。

在成为医生后，她关注儿童虐待问题，而且医生这个职业让她每天面对很多惨状。作为一家医学关注虐待儿童项目的负责人，她目睹儿童被打骂、被暴力伤害、被性侵犯、被虐致死。她的工作就是为那些没机会发出自己声音的儿童代言：她经常上法庭作证。每当谈起工作的时候，她刻意轻描淡写那些惊心动魄的事。她也关注预防儿童被虐待，而且常常教父母区分什么属于虐待，什么属于正常行为。

珍的故事很大程度上反映出我们这代人共有的人生轨迹。她步入成年后可以像上辈人那样做自己的选择，满怀热情地投入到医疗行业，当了母亲，最终又创办了属于自己的益智玩具公司。

她成功了，不过在取得成功的道路上，她的人生就像惊险的冲浪，汹涌的巨浪迎面扑来，随时有可能把人掀翻。尽管她训练有素、坚忍不拔，但是她也明白：自己就是个普通人，不可能事事如意，有时候会有狂风恶浪让人偏离本来的航向。在生活的不同时期，珍有不同的身份：母亲、妻子、医生、企业家，但是在她看来，她是一位问题解决者，迎着风浪奋勇前进，不管顺境还是逆境。

在她的人生篇章中，我们不得不提的就是她的婚姻。迎风破浪中，最不可缺少的就是她的丈夫，没有他珍将寸步难行。她丰富多彩、激情澎湃的人生旅途中最重要的就是她的丈夫韦德。因为有了韦德，珍才能开足马力奋勇前行而没有后顾之忧，有了丈夫的陪伴才使梦想成为现实。

**珍·坎特，38岁**

**儿科医生、益智玩具公司总裁**

**纽约**

**两对双胞胎的母亲**

我丈夫不需要我天天买菜做饭，他不需要成功强势的伴侣，他也不会被我的成功吓到。谢天谢地！我对自己高标准、严要求，因此有时候感觉疲惫不堪，真的真的要累死啦。为了准备一个重要的考试，我整整忙了一年，等考完试，我突然发现我只需要管管四个孩子、照顾一下老公、过问下生意、忙忙工作就可以了，一下子轻松多了，有意思吧？

我想说，感谢上天赐予我这样一个好老公，我们心灵相通，志同道合，既是好伴侣，也是好朋友。我们志趣相投，都喜欢看纪实类电视节目，喜欢发呆，喜欢出去看电影，有很多同样的爱好。他是我最好最好最好的朋友。

没有他，我的人生恐怕就迷失方向而茫然不知所措了……面对困难，我们共同兵来将挡、水来土掩，灵活应对。

对我们来说，成功不等于金钱，而是稳定的婚姻，这才是真正的成功。任凭风云变幻，我们俩也会坚定地在婚姻的城堡中厮守终生。

珍在接受贝基访问谈及自己的丈夫孩子时，脸上不自觉地闪现着柔和的光芒，嗓音也变得温柔起来。一位有抱负的医生，一位体贴的妻子，一位慈爱的母亲，这三者竟然如此完美地融合在一个人身上。

珍和韦德不是完美伴侣，他们有时候也会惹恼对方，有时候也会为家务劳动而吵架。但是，他们为自己找到了避风的港湾，生命从此大为不同。韦德话不多，比如，“珍，这不是世界末日”或者“放松点，珍”，但就是这么简单的话语却直抵珍的内心深处。

我很少问他对一些事的看法，因为我了解他，我知道他的心思。我有一位真正的伴侣，感谢有这样一个跟我同呼吸、共命运的知己。

有一天早晨，我们都在看着我们的一个儿子，我们俩都亲了亲他。我跟他讲：“你看，我们俩都一样地深爱着他，你不觉得太棒了吗?”这就是我们：有着共同的目标，都爱着我们这四个宝贝孩子，努力为孩子创造更好的条件。

不论我们住在哪里，不论我们工作多长时间，不论为了工作受多少委屈……我们不是为了自己，而是为了整个家庭，我俩的目标完全一致。

正是这共同的目标让他们两人同舟共济，而不是成为争高低的对手。韦德在金融企业担任律师，对于珍多来年各种各样的创业构想他都认真倾听。她有一阵子想要卖家庭自制奶酪，还有一阵子又计划开个礼品商店。一次，珍有一个在她自己看来是个不切实际的方案，可是韦德深思熟虑后却认为非常可行，她相信自己丈夫的判断。韦德的建议并不是最完美的，但是珍知道他是对的，不过这不会影响珍的自我决策——因为只要珍认为是对自己意义重大的事情，那就很难让她放弃。他们做出的决策都源于对对方深深的信任。

2008年，她儿子参加的言语矫正学习班激发了她的灵感。她想要设计一个经久耐用可拆换的游戏垫，附带着可互换的游戏卡片，父母可以和宝宝进行亲子游戏，职业临床医师也可以使用。她要把它设计成U形，这样孩子就能够处于正中央。韦德立马看到U形游戏垫潜在的商机，他们一起决定把设想变为现实。

我发现言语矫正师总是有很多方法跟孩子玩，而我就不行。游戏这东西不可能天上掉下来，所以我就努力想学习提高自己这方面的能力。我想，我应该做点什么来帮助像我这样的父母。

我们从零开始，学习知识、收集信息，每天深夜等把孩子哄入睡后继续奋战。

我意识到我的兴奋不是谁都能理解，不过我的丈夫懂得。

他们两口子进一步完善了U形游戏垫，这款游戏垫将成为玩具公司新推出的拳头产品。他们还请专业法律公司完成了专利申请。

GOOD ENOUGH IS THE NEW PERFECT

# 第5章 寻找最适宜的工作方式

- 没有放之四海而皆准的原则。
- 确定自己想要什么。
- 搞清楚应该用什么方式实现自己的目标——记住要把问题摆到桌面上来讨论，弹性工作其实也是一种“共赢模式”。
- 充分考虑可能遇到的障碍。
- 不在心怀愧疚或心生恐惧时做出选择。
- 宏观思考。
- 做自己喜爱的事。

孕妇贝基躺在床上，盯着羽绒被下凸起的大肚子发呆。几分钟前，她因为一阵肌肉痉挛而醒来，惊讶地发现身子右侧的床铺还是空着的。这都凌晨两点了，已经进入2003年的圣诞平安夜了。

皮特还在加班工作呢。

16个小时之前，贝基在产科病房外的走廊上跟丈夫吻别了。他们已经通过B超看到了自己第二个女儿的样子。两岁的伊丽莎白也跟他们在一起，兴奋地从父亲的膝盖上跳下来，大声发表自己的意见："我们叫这个宝宝凯蒂吧！看呀，这就是凯蒂小宝贝！"贝基和皮特同意了："好，我们就给小女儿起名叫凯蒂吧，凯瑟琳的简称。"

贝基曾花费了一整天的时间给家庭成员们打电话通告自己的圣诞家庭晚宴计划，还试图为孩子们过一个快乐的圣诞而做好充分准备——装饰房间以及购置礼物等。亲戚朋友们从教堂做完圣诞礼拜后也会到贝基家参加圣诞家庭晚宴。因此，贝基还计划在家里搞个大扫除，从圣诞平安夜那天的早晨就开始准备晚宴的饭菜，到了开饭的时候，皮特也该忙完工作回家了。

可是现在离圣诞晚宴的时间只剩13个小时了，皮特的枕头还是冰凉的呢。贝基离开《太阳时报》还不到9个月，她知道辞职并不能解决所有的问题，即使她没有“工作”，也一直没闲着，她越来越明白自己根本不可能应付所有的生活琐事。

贝基拨通了皮特办公室的电话：“你忙得怎样了？工作做到什么程度了？”皮特接电话的声音显得很疲惫：“唉，还差得远呢！”贝基建议他赶紧去喝杯咖啡提提神。

两个小时以后，贝基再一次打电话给皮特。

她听到了皮特的咆哮：“亲爱的，我要抓狂了！”他已经超负荷运转了，全靠咖啡因在支撑着呢。

“快点吧。”贝基说。

清早，贝基和伊丽莎白起床了，皮特仍然在工作。他已经跟家人打了几个电话通报工作进程，他的声音逐渐变得嘶哑、无力。他最终拖着疲惫的身躯回到家中时，几乎都虚脱了。而此时的贝基正手忙脚乱地在厨房忙活呢。她在慌乱中弄错了在生面团中需要加入的切达干酪和绿色橄榄油的浓度。伊丽莎白烦躁不安，在她的房间内跑来跑去地搞破坏，父母一个月前给她买的礼物还未拆封呢。几年以后，当贝基回想起自己那时的样子，还有点忍俊不禁，觉得自己很好笑：光着脚丫的大肚婆，沾了一身的奶酪，孩子在疯跑，丈夫在外面忙到很晚才回家。这样的生活是她在获得西北大学新闻硕士学位时万万没想到的。

皮特脱下了外套，贝基告诉他：“你妈妈说让你别参加教堂活动了，在家先补一觉再说。”

皮特摇摇头，他更想跟自己的宝贝女儿一起度过快乐的圣诞平安夜，他可不想错过任何一个机会。于是他带着伊丽莎白去了教堂，而贝基则留在家里尽其所能地做好家务，尽管她做家务劳动的水准并不怎么样。

晚些时候，参加聚会的客人们一一离去，皮特和贝基在上床睡觉之前还把起居室清理装扮了一下，以整洁美丽的形象迎接圣诞之晨。皮特这次上床睡觉的时间离上次已经40个小时了，这一觉对他来说简直是雪中送炭的嘉奖：他从安静的圣诞凌晨开始享受了整整一个晚上的睡眠。

几个小时以后，伊丽莎白爬上了父母的床榻，把那因为兴奋而变得通红的小脸蛋儿贴到了贝基的手上，躺在灰绿色的羽绒被里呼呼进入了梦乡。

＊＊＊

前面描述的是皮特和贝基在婚后十年的生活。皮特是一家全球知名律师事务所老总的合作伙伴，主要的工作就是为了让老总满意而常常加班到很晚，周末也经常加班。而贝基则发现自己过于看重跟女儿们待在一起的机会，特别珍惜陪伴女儿们的时间，结果她筋疲力尽，承受的压力大大超过了她的预期。贝基和皮特深知他们也是很幸运的人了，只是贝基不时地怨天尤人，她自己也生出些许负罪感。在相当长一段时间内，这种负罪感（也是一种对变化的担忧）让贝基不敢轻举妄动，不敢轻易改变现有的生活状态：她已经做得够好的了，还要怎样呢？再往更好的方向发展可不容易哦！

每当贝基做自我反省的时候，总有个令她烦恼的问题挥之不去，那就是她必须要做出一个选择，结果她现在貌似钻进死胡同儿出不来了，思维被禁锢了。

她为什么感到如此紧张和不安呢？她感觉自己和皮特就像坐进了一辆从山顶冲下去的马车，已经完全失控了。她打算寻找摆脱这种失控状态的出路——任何途径都行，只求能把她解救出来。

2009年，她终于找到了解救自己的办法。经济大萧条，许多大型律师事务所倒闭，成千上万的律师丢掉了工作，而皮特就是其中的一位。

## 为什么“弹性工作”不见得是最好的

贝基开始了解更多有关工作和生活的“弹性”问题，她意识到自己和皮特之前一直对事业和家庭持错误的态度，把疯狂加班工作看成是唯一的选择，导致他们身陷迷茫，无法实现人生的理想状态。

事实上，贝基认为自己的弹性工作方式阻碍了公司业务的顺利运营，因为她的工作地点有时在办公室、有时在家中（每周工作两三天，做的还是跟她生孩子之前同样的工作），她的个人能力没有充分发挥出来。即使她可以有更具创新性的选择，她还是很迷茫，因为她无法从宏观层面上思考自己的现实生活，无法从整体上设计自己的人生蓝图，不知道该做出怎样的努力才能诠释她自己对于“成功”的个性化定义。

因此，我们这一代人推行的工作与生活革命的意义在于：我们不能指望选择“弹性工作”可以把我们从迷茫中拖出来（“我知道，我其实做的就是一份兼职”），并且奢望这种工作方式能解决我们每一个人的现实问题，毕竟“弹性工作”不是一套量身定做的手工缝制的礼服，对于每个人都十分合身。对于有些女性而言，这种工作方式可能很好地帮助她们解决工作和生活中的难题，而对另一些女性而言，则可能帮了倒忙。因为我们每个人的生活轨迹都是不尽相同的，我们有着不同的生活和不同的工作——甚至还有不同的工作动机。我们的调查问卷显示，女性朋友们选择外出工作的首要原因就是为了赚钱，还有的就是喜欢离开家庭去寻找事业上的成就感，追求经济独立，拥有工作的激情，以及“需要从妈妈这个角色中暂时解脱出来喘口气”。我们有时也会探讨有关“兼职工作”或“离开家庭去工作”的问题，似乎我们只能“二选一”。我们只是奋不顾身地投入到各种烦琐的事务中，而没有意识到自己真正需要的是一种适合自己的生活方式——就像给自己量身定做礼服一样，要充分认识自己的长处与不足，以便扬长避短。要知道同一个尺寸或风格的礼服不可能适合所有的身材。

我感觉这个问题可以拿“妈妈牛仔裤”来打比方。

还记得“妈妈牛仔裤”的故事吗？不就是效仿《周六晚间直播》节目里女主角们的穿着吗？节目里描绘了一群穿着毫无吸引力的高腰弹性牛仔裤的女人从面包车里陆续跳下来的情景，很显然这种装扮比较适合已经当了妈妈的女人。然而不仅仅是难看老土的牛仔裤使得这幅画面看上去非常好笑，还有旁白呢：“她会爱上九英寸的拉链和休闲百褶裙的……要给她们表明自己身份的机会——‘注意啦，我不是一名普通的女性，我是一个母亲哦！’”

也难怪有那么多办法可以平衡工作与家庭之间的矛盾却没有被人们充分利用，主要是因为大家的适应能力比较差，或者缺乏改变现状的勇气吧。结果有很多女性朋友在解决问题的时候用错了办法，感觉就是“拿着圆钉子去堵方形的洞孔”。作家克里斯汀·马施克（也是一名母亲）在她的一本书中谈到了重塑母亲形象的问题，书名起得很贴切，叫作《凡事不会如我所愿》。其实我们真正的需求已经超出了任何可以预见的问题解决办法，从可以找到的所有适宜解决问题的办法列表中，可能找不到一条真正适合我们的。

但是现在正有一场革命风暴在酝酿，倡导“新知足常乐”的理念就是革命的一部分内容。新时代的职场母亲不断努力经营属于自己的个性化生活，遵循的是前辈们闻所未闻、想都不敢想的人生信条。我们正在努力改变传统的职场奋斗理念，给人生游戏加入了新的规则。我们已经渐渐学会了拒绝认可那些所谓“以不变应万变”的人生策略，那只会让我们觉得自己作为一名母亲的价值没有充分发挥出来，有点自降身价。毕竟，花费更多的时间陪伴孩子们并不意味着一定会阻碍我们在职场上施展拳脚，我们依然可以通过有效的途径为工作奉献自己的能量，实现我们的职业理想。我们只是不想因循守旧，盲目按照传统的思维行事，今天的新时代母亲应当用崭新的“散点式”开放性思维方式指导自己的行为，全面顾及生活的各个方面，让自己的人生之路处处开花。

我们应该把“杠杆原理”运用于平衡自己的才能与经验上。我们从小积累起来的知识财富有助于我们做出明智的选择，从而有效地解决各种实际问题。只要我们懂得了如何充分发挥自己的才能，运用好自己多年来积累的宝贵经验，就能在工作中用巧劲而不用蛮力，用更灵活的方法应对工作。就算我们还没有得到自己想要的东西，还可以辞职回家，寻找更好的办法去实现属于我们自己的成功。

所谓“知易行难”，前面说得倒是很轻松，但要真正落实到行动就没那么容易了。就拿贝基来说吧，她也是挣扎了好久才学会了如何从宏观上掌控自己的人生，当然还有其他一些人在经受了负罪感的长期折磨以后才意识到自己应该从“永不满足型”人群中走出来，没有必要强迫自己面面俱到，对每一件事情都来者不拒，非要做到完美不可。而且并非每个单位都能实行弹性工作制，这就意味着我们当中的有些人不得不凭借加倍努力地工作才能获得自己想要的东西。

托利·约翰逊，39岁

职业女性俱乐部的创始人和CEO，《走出家庭去工作》《职场贡献者》《早安美国》的作者

纽约

两个孩子的母亲

很多公司给我们口头宣传的企业文化是允许我们大声畅所欲言，充分展现实力，但事实是……落实起来有难度。当然也不是不让你说话，只是需要你应对一场艰苦的斗争，跟随便散散步可不一样，你要面对的是跟散步截然不同的登山运动哦。

根本问题还是公司的企业文化——这甚至比你所从事的工作本身更为重要。这关乎你跟什么样的同事合作，以及你的工作氛围是否宽松与融洽。

从某种程度上说，发展良好企业文化的障碍就是你总是希望按照约定俗成的、千篇一律的规则去做事。

有些公司很担心如果不执行灵活的弹性工作制会被人指责企业文化不公正，或者担心因随便更换雇员而被人批评为滥用人力资源或者滋生出一连串难以解决的问题。贝基和霍利在研究中发现，大约有26%的女性认为自己原本可以有能力兼顾事业与家庭，只是因为现有的工作缺乏灵活性而阻碍了自己能力的充分发挥。

在她们的早期研究中有一个案例是这样的：贝基访问过一名在洛杉矶工作的律师，她每天都要花一小时在单位与家之间奔波，因为她的公司拒绝了她到其他办公地点（离她家只有十分钟的路程）的要求。如果能在离家近的地方上班，那么情况会有大不同：她可以把节约下来的上

班路上的时间用于陪伴两个宝宝，甚至可以用于整理客户资料。但是公司从没有这样的先例，认为不能因为给员工提供个人便利而变更工作地点。当她把这件事情讲给贝基听的时候，声音中依然渗透着明显的悲愤之情。“唉，真是拿根鸡毛当令箭啊，他们非要用这么死板的规定来难为我，太没人情味了！”

这样没人性的公司可不是独一无二的，很多公司都不会轻易改变既定的规章制度。在一份调查问卷中，45%的财务主任都会考虑，如果允许任何形式的弹性工作方式，要么就全体雇员都有权享受，要么就谁都别开这个口。

一些女性朋友们还有其他的选择余地，但是也会觉得没有充分利用和发挥自己的优势。我们在调查问卷中发现有的职场母亲这样写道：“现在的我依然还是律师事务所的一员干将，但是我觉得自己跟生孩子之前相比，受到的尊敬与重视可少多了，因为我不像以前那么拼命工作了。”已经有研究证实，减少了工作时间的女性会受到歧视，会被人看作是职场上的“南郭先生”。一项研究发现，43%的职场母亲认为实行弹性工作时间会阻碍事业的发展。这就是为什么我们一再宣扬把工作与生活结合起来的理想鲜有追随者，像贝基这样的女性就会因为“妈妈牛仔裤”不适合自己而快速脱下，她做兼职并不能解决事业与家庭的矛盾。

弹性工作的理念只是宏观人生蓝图的一部分——这并不仅仅与新时代辣妈们有关。

## 为自己创造一种可以平衡工作与生活的有效方式

卡利·威廉斯·约斯特多年前就谈到了这个问题。

卡利是别人眼中的成功女性，运用弹性工作时间很好地解决了事业与家庭之间的矛盾，她把弹性工作方式当成是一种可以推动事业整体上进步的宏观战略，而不是仅仅对职场母亲的特殊福利待遇。的确，女性职员常常会因为当了母亲而减少工作时间以便更好地照顾孩子，但是男性职员也有提前下班的时候，因为家里还有一位等他照料的身患老年痴呆症的父亲呢。卡利说："弹性工作时间不是施舍给女性的福利，这种性别歧视对女性朋友们是一种极大的伤害。"

"我希望通过自己艰辛的努力来让每一个人都能享受弹性工作制，而不能仅限于女性群体。我这样做的原因就是不希望让弹性工作制成为性别歧视的工具，不想给女性朋友们带来伤害。有些雇主会在心里打这样的小算盘：'如果我雇佣了女性员工，那么她就要生孩子、休产假，必然会有一段时间要离开工作岗位；而雇佣男性员工则不会有这样的情况，他会一直坚守岗位的。'然而事实也不尽如此。如果我们给每一位员工都赋予弹性工作权利，那么女性员工将会受益匪浅。女性员工怀孕生子会导致其生活状态的变化，而雇主们则需要适应女性员工由于生活状态变化而导致的工作状态的变化，这也没什么大不了的，泰然处之即可。"

因此，卡利向雇主们宣传倡导的管理策略是无论男女，都可以根据自己在工作和生活上的具体情况来调整工作时间，并且随着实际情况的变化而灵活变换工作方式。对于各个企业来说，这就意味着需要构建一种和谐灵活的企业文化氛围。对于雇员们来说，这意味着需要学会知足，从以"新知足常乐"为主题的调查中获得启发：要把生活的方方面面分出轻重缓急，调整自己的思路来指导行动，优先解决对自己而言最重要的问题。

那么怎样才能做到呢？卡利建议大家先明确自己到底想要什么，然后设计一份可行性方案递交给领导，具体建议如下：

- 你必须要搞清楚自己到底想要什么。卡利说："大多数人都愿意跟我耗费三个小时的时间去唠叨自己不想要什么，但是当我问道'你们到底想要什么'的时候，他们还真的不知道。"搞清楚自己到底想要什么，这有利于你为自己构建一个最适宜有效的行动规划，以便最终获得你想要的东西。
- 要摒弃"非好即坏"的判断方式。在调查实践中卡利发现，很多人在思考问题时喜欢走极端，"非此即彼""非黑即白""非出即入"，而实际上这种思维方式不利于构建能有效解决工作与生活的平衡问题的方案。不要把关注点放在"不能做什么"的问题上，而要聚焦于"能够做什么"的问题上。
- 要灵活定义"成功"，不要死板地按照固有模式追求成功。这意味着你要接受因为生儿育女而暂时不能扮演工作狂的角色的现实，要保持平和的心态。"你可能在生完孩子的几个月内都无法为争取CEO这样的职位而奋力拼搏，不过你可千万不要气馁，尽管在行动上无法实现，但是积极上进的决心不能动摇。能做到这样才好。"卡利说道。对于那些有着高成就动机的人而言，做到这一点还是有难度的，但是卡利认为这样做是值得的。
- 最后一步就是准备一份清晰明了的行动方案，然后交给主管领导。"别指望领导能主动了解你的个人情况，"卡利说，"他们怎么会知道你的生活状态是什么样呢？他们可能都不清楚你到底处于一种什么样的工作状态呢。"

卡利就是本着实事求是的原则给自己设定了奋斗目标，并且客观分析了自己的优势与不足。当她因为忙于工作而不能参加孩子学校的志愿者活动时，也不会感到愧疚。有时候她的确会被工作搞得焦头烂额，但是其他时候她则能够把工作与生活的关系平衡好，让自己有更多的时间可以照顾孩子与家庭。

**卡利·威廉斯·约斯特，45岁**
**弹性工作策略（平衡工作与生活关系）研究中心的创始人和CEO，《事业与家庭：寻找适合自己的平衡点》的作者**
**纽约都会区**
**两个女孩的母亲**

这是一条灵活多变的持续进行的日常生活轨迹。我在工作中发现一个规律，那些能够做到工作、生活两不误的人都可以根据自身的实际情况设置奋斗的目标，给“成功”下一个符合自身情况的个性化定义，很少会被愧疚感和负罪感纠缠。他们很清楚自己到底能做什么和不能做什么。而且他们当中的绝大多数人都以一种轻松的心态应对家庭生活，坚信在自己的努力下可以让生活保持良性发展态势，面对将要发生的一切都泰然自若。

我发现那些经常牢骚不断、怨天尤人的朋友真是想不开，抱怨没有任何意义，一点也不利于解决生活问题。

采访完卡利以后，贝基忍不住开始进行自我反省，回想自己刚当了妈妈的时候，对于如何平衡工作与生活的关系所坚持的观点确实有点狭隘。那时候的她一直就没有停下脚步好好分析一下属于自己的“成功”到底是什么，思考一下自己到底需要什么。回想当年，其实她想要的东西归纳起来也很简单：她只是想要更多的时间待在家里，扮演好母亲的角色，她希望能处理好日程表上的各项事务，她想全身心地投入到收集调查数据、研究资料和个案中来完成写作计划。这些事情才能让她体现出自己作为专业化人员的价值。

但是贝基还没有搞清楚自己在世人的眼中到底是怎样的人，不知道大家对于她每周只工作两天的选择持怎样的态度。如果她当初就详细列举出自己的具体目标和个性化需求，那么她就能判断出报纸记者这一职业是否最有利于自己实现既定目标，能否为她提供适宜的支持性环境。但事实上她仅仅从一个狭隘的视角分析了自己的专业化优势与成功的可能性：即仅仅把每周工作的时间作为实现既定目标的筹码。

显而易见，要解决工作与生活的矛盾，不可能仅仅考虑工作时间这一个问题。拿贝基来说，她在2010年的时候正忙于撰写本章的内容，她的工作时间起码比平时增加了两倍——不过她非常乐在其中，所以她并不觉得疲惫，反而觉得这段忙碌的时光十分完美。

* * *

事实上，影响事业与家庭平衡关系的因素很多——那些接受我们访问的女性都普遍认可这一观点，在讨论她们做出的选择时也都承认影响她们决策的因素很多。她们当中有些人已经搞清楚了最适合自己的生活方式是什么，但是并没有立刻做出选择付诸行动。不过她们的确知道自己想要什么，而且也不怕遇到挫折。

杰娜·杰拉德的第一个宝贝出生于2002年，那时候她正在攻读公共事业管理的硕士学位。取得学位需要五年的时间，她在此期间参与了明尼阿波利斯（美国明尼苏达州东南部城市）的街头暴力的相关研究项目，而且她把自己的研究工作当成另一个宝贝，同时也是她自我满足感的巨大源泉。

杰娜是那种不喜欢让生活发生剧变的人，她不喜欢充满变化的人生，当然也不想因为当了妈妈就辞职，所以当她休完产假回到单位时，她向单位领导申请能否准许她适当缩短工作时间，哪怕就一点点也行。

结果呢，她原本是可以每周三休息的（她称之为“陪伴克莱尔的星期三”），但是这点特权没持续多久。随着企业的发展壮大，业务量逐渐增加，杰娜的工作时间也与日俱增。在2004年生下儿子以后，她只能付出更大的努力来完成繁重的工作任务，经常要在儿子睡着以后再拼命把未完成的工作完成。这使得杰娜感觉被压得喘不过气来，她觉得每周三休息一天的办法开始变得没有意义了。

因此，杰娜曾经的自我评价是“愿意筋疲力尽去做自己喜欢的事情”，现在她也决心做出改变了。她从克莱尔还是个小婴儿的时候就开始在脑中酝酿一个商业运作方案。要知道走向企业家的道路并非是一马平川的，肯定要经过多次尝试与失败，杰娜已经做好了思想准备，她满怀激情，坚定信念，准备放手一搏。

这对于杰娜来说是件好事（为什么这样说呢？后面我们还会详细陈述）——命运为她铺设了一条全新的道路，让她有机会实现人生的飞跃，拥抱新的梦想。

从绝大多数成功女性的身上我们可以找到一个共同的规律：她们都是积极的行动派。她们成功的秘诀不是避免一切损失，而是能做到以较小的损失赢得对自己而言更重要的东西。她们拒绝把自己塞进不合身的妈妈牛仔裤里，拒绝做无用功，并且找到了适合自己的最有效的问题解决方案。

当然也有一些女性选择利用自身的专业资本去职场打拼，疯狂赚钱，因为她们坚信自己能应付一切问题，鱼和熊掌可以兼得。

## 充分发挥我们的力量：基于良好的信誉和满腔的热情

尽管《纽约时报》的记者雷切尔·斯万每周只工作四天，但是她却成功地采访过美国第一夫人米歇尔·奥巴马，那么她有什么本事值得我们学习呢？

首先，雷切尔很有纪律性，有很强的自制力，她知道该如何有效地利用时间。就算会有工作侵占到她的休息时间，她也会毫无怨言地完成。其次，她非常热爱自己的工作（这一点很重要，那些成功女性往往颇具满足感，在接受我们的采访时会表现出对工作无比的热爱和无穷的激情，这也是她们能够平衡好工作与生活关系的巨大优势）。

雷切尔在37岁时升级为母亲，那时候她已经积累了20年的成就。她在学生时代就非常用功，主修西班牙语，这也是她在毕业后能求得记者职位的资本。除了主修西班牙语以外，雷切尔还在哈佛大学辅修了加勒比海黑人的研究课程，随后又在英国的肯特大学拿到了国际关系专业的硕士学位。当她雄心勃勃地走向职场以后，很快就凭借自己出众的实力从佛罗里达西南部的《圣彼得堡时报》到了《迈阿密先驱报》，继而进入了《纽约时报》。

作为一名记者，雷切尔借工作之便到访了全球许多个国家和地区，像海地、古巴、俄罗斯和非洲等都留下了她的足迹。她曾经在南非的约翰内斯堡待了三年半，担任了《纽约时报》驻南非分支机构的负责人，还负责华盛顿分支机构人员的出入境管理工作。到她升级为母亲的时候，她已经为自己赢得了无数的赞誉，大家都知道她是一位秉承良好职业道德的女性。

但是，在2004年生下第一个宝宝时，她也是怀揣着小兔子一般诚惶诚恐地去向领导申请休产假一年。她原以为报社的编辑们都不会同意她休假一年的，没想到他们竟然都点头同意了。

在快要休完一年产假的时候，她跟单位领导提出想兼职承担一点工作任务，领导同意了她的要求。自从她开了先例，领导们也逐渐接受了其他记者们采用灵活的兼职工作方式。“他们发现这种弹性工作制是一种帮助职场母亲平衡工作与生活的有效方式。”雷切尔说道。她继续承担着有关人员的出入境管理工作，并且在2008年的选举之后被委以采访美国第一家庭的重任——她最终成功取得了丰富的第一手资料。

雷切尔一直以来就想做一名伟大的母亲，希望能全身心地去体味当妈妈的酸甜苦辣，所以她从来就没有想过该如何平衡事业与家庭的问题。回想过去，在大儿子过完四岁生日的第二天，当妈妈的雷切尔笑呵呵地自嘲道：“我哪有什么人生规划呀，日子过得杂乱无章，但是我的运气不错，迈过了人生路上的不少绊脚石。”

事实上，虽然雷切尔没有制订具体的方案来解决工作与生活的矛盾，但是她做出了许多明智的决策，运用灵活的工作方式应对事业与家庭的冲突。她和丈夫在南非时候充满了工作热情，疯狂赚钱攒钱，因为她知道自己在不久的将来会因为生儿育女而耽误不少工作时间。她用实际行动向世人展示了她对工作的热情和忠诚：只要工作需要她都会毫不犹豫地去当空中飞人，无论是不是在休息日，她都不会推辞出差任务（她的丈夫是《华盛顿邮报》的记者，工作也很繁忙，所以他们二人雇了一个保姆，每周工作五天，帮他们照看孩子，这使得她频繁出差成为可能）。

“任何时候只要我想去工作，都不成问题，”雷切尔说，“我一直就没有离开过职场，对待工作的热情没有一丝一毫的减弱，我可不想在跟领导申请每周工作四天的时候遭遇白眼。”

换句话说，雷切尔现在所处的境况是有很多机会等待她做出选择，但是她需要努力保证自己做出的选择是明智的。她的家在城里，也不能指望保姆能帮什么忙，她只能利用孩子们午睡的时间或等到晚上孩子们都入睡以后才能写点东西。当然，按照她一贯的风格，肯定能顺利完成任务。

她也会运用一定的策略来追求更高的目标，更好地把握生活节奏，让属于自己的时间更具灵活性：“我可没有进入美国国会、白宫或者国务院的野心，我真实的感受只是想正视现实，客观认识并充分发挥自己的能力而已。”

所谓一分耕耘一分收获，在2009年年底，她写的有关奥巴马总统复杂身世（包括与黑奴的渊源）的故事反响巨大，接到了著名的哈泼·科林斯出版集团抛来的橄榄枝，邀请她撰写一本相同主题的畅销书。到了来年一月份，她继续享受报社给予的弹性工作福利，专心致志地搞研究——充分利用周二到周五的工作时间。

也许有人会提出质疑：为什么大家对雷切尔·斯万的弹性工作方式都持默许态度呢？仅仅因为她是一名母亲吗？其实很多雇主同意让她运用弹性工作制都是因为需要她发挥自己的能力出色完成任务，雇主们都不希望雷切尔这样的人才离开职场。

换句话说，弹性工作制在很多情况下就是（也应当是）一种共赢模式，雇主和雇员双方都可以从中获益。

事实上，有研究表明，那些能让女性充分施展才华并给予其高层管理职位的企业往往都收获了更好的效益。克莱尔·施普曼和卡蒂·凯在其著作《女性经济》中也做了详细描述：

很显然，一个公司要是允许你以自己喜欢的方式工作，真正的目的绝不是想发善心帮助你平衡工作与家庭的关系，这只是一种管理策略而已，商人的本性总是喜欢钻到钱眼儿里的，老板唯一的目的就是希望你能为他创造更多的利润。

所以呢，下次你再因为长时间伏案工作而错过了儿子的第四十三次足球练习课，接孩子迟到了而不敢面对其稚嫩的面孔，还在琢磨是不是已经超额完成了任务，明天是不是该提交辞呈了，千万不要沮丧和绝望哦。请你停下脚步，深吸一口气，想想自己给老板创造的巨额利润吧！你听说过这句流传甚广的话吗——“每一位出色的职场女性都是因为有了糟糕的令人绝望的一天而提出辞职？”而实际情况并非如此。你没有必要非辞职不可。

## 量身定制适合自己的工作方式

当然，关键的问题是要给自己量身定制个性化的工作方式。雷切尔的弹性工作制之所以非常有效就是因为其适应了她独一无二的生活模式：既可以让她每周都有时间在家里陪伴自己的两个儿子，还可以应付她那些复杂多变的新闻业务——鬼知道下一秒钟会发生什么新闻呢！（雷切尔最痛恨的就是星期一了，本来是她的休息日，但是却经常会浪费60%的时间，只有剩下的40%才会用在撰写著作的正事上。不过她觉得这样的日子也还不错）雷切尔选择的生活方式尽管也会在某些方面让她做出些许让步与牺牲，但是她自认为对自己而言真正重要的事情可一点也没耽误。她没有把自己有限的时间都投入到无休止的工作中，她依然可以在写作欲望来临的时候轻松提笔写下生动的故事。

跟雷切尔的情况类似，霍利的一位密友丽莎·坦嫩鲍姆（36岁）把工作安排得井然有序，跟自己的生活搭配得天衣无缝。丽莎的职位跟其他人的确实不一样，她在德勒会计师事务所和38岁的工作搭档桑迪·弗朗西斯密切合作，一起把人力资源经理的职责履行得很到位，为打造良好的企业文化和高素质的员工队伍做出了贡献，为公司赢得了良好的声誉。

在德勒会计师事务所，员工们可以跟部门经理一起根据自身的具体情况调整职业规划。大家可以不必把公司的规章制度看成死规定，“条条大路通罗马”，员工们没有必要都按照同一条路（追求升职和长时间的全职工作）走下去，以至于不撞南墙不回头。公司允许每一位员工在保证不偏离公司发展大方向的前提下，自主设置、调整属于自己的个性化职业发展目标。以公司发展的主航线为基准，员工可以或高或低、或偏左或偏右，当然这种偏差是有界限的，公司必须设置一个规范化的制度结构体系，在此体系中，员工的长期团结合作得到认可与鼓励。这种公司制度跟前面提到的弹性工作方式不一样，弹性工作制的目标还是指向规范化的工作模式，而倡导合作的制度体系则是企业合作文化的一部分。在这种倡导合作的企业文化下，允许企业发展出现高低起伏的状态，目光放得更为长远，而不仅仅局限于因为某个特定事件而在一个短暂的时期内临时改变工作模式。德勒会计师事务所称之为“职业个性化”。

在丽莎和桑迪的个案中我们发现，这两位职场母亲用实际行动诠释了“职业个性化”——它在大家的眼中就像是一个双头巨怪。她们把工作时间进行了平均分配（丽莎每周一和周三工作，桑迪每周二和周四工作，每周五是两人一起工作的时间）。她们互相都知道对方的电子邮箱账户名和密码，每天结束工作的时候会把全天的工作情况通过声音邮件或电子文本及时更新，让对方及时了解最新的工作进展。人们经常会搞混她们二人的名字，分不清到底谁是谁，因为她们的工作安排已经达到了无缝衔接的程度。

这是她们最值得称道的地方：丽莎和桑迪凭借“双头巨怪”的角色一起协调工作中的各项事务，克服晋升障碍，除了在事业上保持了亲密无间的合作关系之外，连接受采访都是相伴而来的。

“据我所知，我们两个人的这种合作模式是前所未有的，所以人们几乎对此毫无了解。”丽莎说道，“我们必须要在本次采访过程中证明我们现有的合作工作模式是多么有效，而且还要让那些曾经跟我们共事过的人们站出来证明跟我们这个‘双头巨怪’合作是多么顺畅和愉快，我们是一个完美的小团队。”

俗话说“不经历风雨怎么见彩虹”，没有些许的牺牲也无法换来事业上的进步。丽莎无法像曾经那样完整地享受在家里的美好时光了，她和桑迪不得不更加密切协作——比以往更加团结。这对搭档也是时候要改进一下工作方式了，幸运的是，她们的工作单位允许她们冒险尝试新方法。

“我们知道新方法一定会奏效的，而且我们非常开心能有机会来证明自己是正确的。”丽莎说。

当然，德勒会计师事务所并不是唯一允许改进公司制度以适应员工多样化要求的企业。凯茜·卡尔霍恩，一家著名公关公司的首席执行官，经常因为工作当“全球飞人”，我们在第3章提到过。她曾经花费了几年的时间来寻找能平衡工作和生活的途径。在摸索与实践过程中她逐渐总结出了哪些方式是有效的，哪些方式是无效的。她始终坚信自己在信息交流和团队工作中扮演着举足轻重的作用，她用实际行动证明了这一点。她认为，“刚性死板的规定是自己实现事业家庭两不误目标的最大敌人”。

2009年秋天，凯茜与贝基分享了自己的观点，同时她也承认自己的想法客观上具有特殊的关联性，值得他人借鉴。那时，如何平衡事业与家庭的关系问题已经不再困扰凯茜了。

* * *

这一年，万博宣伟公关公司在芝加哥的分支机构经历了婴儿生育潮：13位女职员生下了16个宝宝。

这意味着万博宣伟公关公司在芝加哥这座城市有5%的劳动力要解决一个难题（而且几乎是在同一时期）——怎样才能以新的工作模式适应扩大化的家庭生活。

作为全球著名的公关公司北美分部的负责人，凯茜没有直接提出要腾出时间照顾孩子和承担家务，也没有提出弹性工作制的要求。位于芝加哥的分公司不过是凯茜在美国和加拿大管理的20个分公司之一，只是碰巧芝加哥是她的大本营而已，她的家安置在这座城市。当然，她所处的境况会提醒她注意到自己的多重身份：她是公司的领导，也是一位职场母亲，她通过自己长期的经验积累已经深刻理解到，平衡事业与家庭的关系是一件非常重要而又困难重重的事情。

大家不要忘记凯茜具备了多样化的优势：她是一位职场母亲，为了完成工作任务以及赚取薪水抚养女儿，她不得不每月出差几次，坐飞机就像家常便饭（作为单身母亲，她的“优势”是除了工作别无选择。从某种意义上说这也能让她原谅自己在当今时代会惹点麻烦，这在她的手稿中也有所体现）。她会尽量在下午5:45准时离开单位往家赶；她极度重视女儿的生日，一定要陪在女儿身边送上生日祝福；她可以利用工作之便利经常带着女儿索菲去世界各地开阔眼界，一起领略像意大利、阿根廷和法国等国家的风土人情。

她曾经硬着头皮走进经理办公室鼓足勇气说："我怀孕了。"经理只有静静地听着她带着一批能干的女员工纷纷宣布怀孕的消息。她没有做不到的事情，在2009年生育高峰中她用人生规划为自己创设了平衡事业与家庭关系的和谐氛围，她那丰富的阅历和开阔的视角就是成功的佐证。万博宣伟公关公司是一家依靠人力资源来发展的企业，创造力是企业的发展源泉。凯茜坚信凭借自己的创造力可以推进企业文化向着满足大家各种要求的方向发展，让企业员工在工作之余也能享受生活，充分体现人生的价值（万博宣伟公关公司在全球"最棒的工作环境"排行榜上名列前茅）。

适当地改变和调整工作模式以适应员工家庭生活的变化，有利于推动企业的发展。正如凯茜所说："我不能想象如果不调整工作模式会有什么样的后果。因为我们绝不可能理直气壮地说'你有了孩子以后生活不会有任何的变化，一切还跟之前一样'。如果我要说出这种话，那么员工们肯定会纷纷跳槽——他们会跑到我的竞争对手那边去。"

多年以来，万博宣伟公关公司在摸索中前进，尝试了多种方法，也走过弯路，最终还是找到了有效的问题解决方案，形成了既有制度保障又倡导灵活自由的企业文化。在大多数情况下，这种企业文化都有助于员工们实现事业与家庭的双丰收。

所以，万博宣伟公关公司的女员工一年生下16个宝宝也没什么大不了的，这对于企业的发展不会有多少影响。

凯茜·卡尔霍恩，48岁
著名公关公司的首席执行官，万博宣伟公关公司在北美地区的总负责人
伊利诺伊州，芝加哥市
索菲的母亲

首先，当我们得知女员工们怀孕的消息后，我们从心底里为她们感到高兴。我们是一个亲密团结的团体，同事们都是好朋友……所以我们真的是为怀孕的同事感到开心，这里丝毫不存在虚伪夸张的成分。但是，与此同时，我们也会想：我的天哪，下一步我们该怎么办呢？我们少了这么多骨干可怎么应付那些繁杂的客户业务呢？

问题不仅是业务人员的减少，而且我们还不能确定这些回家生孩子的同事能否尽快回归工作岗位，所以我们必须要思考应该怎样努力走好下一步棋。

几年前，我们刚开始兴起全民讨论“如何平衡工作与生活的关系”的浪潮，结果各种声音层出不穷，陷入了一片混乱之中——正所谓“不是我不明白，这世界变化快”，我们都有点跟不上时代发展变化的步伐了。关于每天都有谁在工作，大家都在做什么，谁在家里工作，谁在办公室忙碌等问题不断纠缠着我们，都是难于掌控的问题。我们要发疯了，所以我们不得不从无休止的争论中抽身出来，理清思路，寻求适宜的问题解决方案。

现在我们已经明白，根据已有经验可知问题解决的关键点。我们只需要抓住最重要的一点，就是必须要完成自己应该完成的工作。至于在哪天工作，怎样完成工作，甚至生活地点等问题都可以自行解决。我们只需要在一定的框架结构中寻求适合自己的方案即可——虽然有大的框架限制，但是我们依然还有很多自由来根据自己的实际需要调整方案。

如果人们之间缺乏交流与沟通，那么问题解决的框架结构也会坍塌，所以我们还要强调团队合作与相互理解。

这些年以来，万博宣伟公关公司已经逐渐把灵活性的企业文化变成了标准化的制度体系，由此也反映出公司业务的发展状况。公司只是从宏观层面做总体性要求，允许员工根据自己的工作状态每周都拿出一些“会面时间”或者自由行动时间，只要保证做好自己必须完成的工作即可。但是公司的政策也不是刻在花岗岩上的硬性规定，所谓“规定是死的，人是活的”，所以在公司规定之外也允许出现特例，公司的政策也在大家的商讨中不断完善。“今天我们必须要做的是既要尽量适应员工的个性化要求，又要满足公司业务发展的要求。公司的制度应当同时与这两方面的需求相匹配。现在的工作环境要讲求顺畅自由和公平公正。”万博宣伟公关公司的行政主管、芝加哥分公司的负责人苏珊•豪说道。

有时候量身定制的工作方式会超出正常的制度限定范围：如果能找到一种可以满足员工和公司双方要求的工作方式，那么万博宣伟公关公司是很愿意去尝试的。举个例子来说，有这样一位员工，她是两个孩子的母亲，也是芝加哥分公司的技术骨干，在位于新罕布什尔州的家中兼职承担着相关工作。“她是一位值得信赖的好员工，”苏珊说，“一直以来我都坚信，如果我需要的话，她一定会站在我身边。我对她是无条件地信任。”苏珊自己也花了好几年的时间在西雅图远程参与工作，因为她的丈夫在西雅图工作。

一天早上，我的一个客户通知我想在中午开个碰头会——几个星期之前我们就约好了要在佛罗里达州的基韦斯特开会。但是需要参加会议的还有我的四位同事，其中一位有一对正在上小学一年级的双胞胎，而且她的丈夫由于工作原因还时常出差。我一边想着同事的境况，一边查看着航班，我发现为了准时参加会议我们必须要在会议的前一晚就到达会议地点，但是如果能把会议时间推迟一点的话，我们就可以在第二天早上赶赴会议地点，这样就能多出一晚陪伴孩子的时光，可以保证在会议前夜还能哄孩子上床睡觉。

所以我跟客户协商："你知道吗？如果你能把会议时间推迟一个半小时的话，我们就可以在会议当天上午到达会场，你就可以省下我们前一晚的住宿费。"哈，这不是件双赢的好事吗？客户很爽快地答应了我的请求："当然可以啦，我们很愿意听从你的建议。"于是，会议时间被推迟了。其实没什么大不了的，主要是上帝保佑我们遇到的这位客户恰巧是位母亲。

很多女性在2009年万博宣伟公关公司生育潮中迷失过方向，对于如何平衡事业与家庭的问题纠结不已，也尝试了不少解决该矛盾的办法。事实证明，万博宣伟公关公司保证"一定制度框架下的自由性"的政策是有效的问题解决方法。总结起来，这种灵活的工作模式其实非常简单：减少工作时间，日程表上要包含在家里工作的相关安排。当然也有一些员工决定不再回归工作岗位，这是他们的自由。

"对我而言，在自己的个性化需求和职业需求之间寻求平衡真的就像是在翩翩起舞，"苏珊·豪对贝基说道，"你需要寻求情感的共鸣，做到能屈能伸，协调好在公司业务和人生需求两方面的关系，不要让天平发生倾斜，执行有效的问题解决方案。"

其实我们在很多方面都是幸运的：我们可以自己掌控工作与生活，可以积极地研究工作与生活的矛盾问题，可以跟许多顶级的思想者聊天，还可以倾听那么多聪明的成功女性的故事。我们听取了各种各样的观点和思想，有来自像雷切尔这样的普通员工的，也有来自像凯茜和苏珊这样的企业领导的。所以在阅读本书的过程中，我们发现自己会跟随书中传达的理念不断修正和完善我们的人生态度。

特别是贝基，她的确从本书呈现的各种观点中受益匪浅。

## 为夫妻二人绘制人生画卷

事实证明，贝基和皮特在刚刚为人父母的那几年所面临的事业与家庭的矛盾其实在受过高等教育的职场人士中间是普遍存在的。家里有一位整天为了工作超负荷运转的丈夫，那么妻子就没办法做到真正意义上的灵活安排时间，也没办法让自己的工作不受“母亲”这一角色的影响，这在2010年一项有关事业与家庭的矛盾问题的研究结论中有所体现。该研究在调查了三个不同的社会经济团体以后得出如下的数据：如果丈夫每周的工作时间超过50小时，那么妻子辞职回家的概率会增加44%；如果丈夫每周的工作时间超过60小时，那么妻子的辞职概率会增加112%。这份研究报告还提到了一个问题，通过调查那些受过高等教育的女性退出职场的原因发现，60%的女性承认导致其辞职的关键原因是她们的另一半。

上述研究的参与者之一，位于黑斯廷斯市的加利福尼亚大学工作生活法律研究中心的负责人琼·C.威廉斯教授，曾经在一年前接受贝基的采访时提及为《美国银行家报》的专栏写过有关两个律师组成的家庭该如何解决工作与生活的矛盾问题。

“当今很多企业的工作气氛都非常糟糕，尤其像律师事务所这样的地方，全职工作的含义就等同于每周工作60～70小时，如果夫妻二人有一个是律师，那就意味着另外一个必须要扮演单身母亲（或父亲）的角色了。”琼告诉贝基，“夫妻双方都是律师则让许多为人父母的职场人士感到不可思议，律师夫妇该如何经营家庭生活的确超出了外人的想象。”

2010年的那项研究还发现，只有6%的职场夫妻每周都工作至少50小时。大多数情况下，如果丈夫的工作时间很长，那么妻子则会相应地缩短工作时间。对贝基而言，她当然知道这种夫妻密切配合的完美工作状态会导致什么样的后果：绝大多数妻子会像她一样，为了与长时间在外工作的丈夫配合，自己不得不大大减少工作时间，所以她们很难在工作中体会到真正的满足感。

引起贝基注意的还有一个问题，那就是有关超时工作的男人们的问题，尤其是那些因为超长时间工作而获得劳动模范称号或者荣誉奖章的男人们。结果呢，贝基最终从《太阳时报》辞职的时候并不是因为报社的工作压力太大，而是因为生活所迫才离开了工作岗位，她的压力来自于现实生活，来自于丈夫皮特的工作。其实他也想多花一些时间在家庭上，但同时他还想扮演好公司老板合伙人的角色。如果让他径直走向老板的办公室要求允许他缩短工作时间，这是无论如何也行不通的。

在我们的调查问卷中，70%的女性答题者同意这样的观点——“一名职场女性在生完孩子之后会选择换到边缘岗位或降低升职期望，其实她对待自己的事业依然还持有严肃认真的态度”。

但是只有51%的男性答题者同意上述观点。

当然，不是每一个家庭都处于同一种陈腐的夫妻分工模式。贝基就一直都很崇拜她的朋友帕特里克和诺艾尔·麦克沃德，因为她们把自己的工作和生活中的各种要素都当作是构成同一台机器的相互补充的零件。在他们看来，人生不是一个“非黑即白”的绝对化命题，事业与家庭之间并不是非要牺牲一方以成全另一方——为了事业就要牺牲家庭，为了家庭就要牺牲事业。

她们经过深思熟虑，决定解放自己，不再纠结于把各种事物按照其重要性进行排序，再艰难地做出取舍。临床医师诺艾尔经常与单独行动的人们和出双入对的夫妻打交道，执行教练和职业演说家帕特里克则面对着1200多名听众慷慨陈词，就如何推动事业发展、如何平衡工作与生活的关系问题发表自己的见解。她们两个人都是自己给自己当老板。这意味着她们已经放弃了作为公司雇员所享有的假期、职务补贴、健康保险和优先认股权等福利待遇，因为这些福利是用自由来换取的。就跟金和斯科特·霍尔斯坦一样，诺艾尔也在享受着事业与家庭的平衡状态所带来的益处。

但是能做到她们的洒脱也并非易事。有时候，这种生活方式意味着要背离传统观念，要坚持追求属于自己的成功。

“我希望能体会到生活的韵律感，”帕特里克告诉贝基，“有时候我会特别想努力工作，真的想百分百地投入到工作中，因为我真的喜欢我的工作。但是有时候我就什么也不想干。对于我来说，什么也不干的意思就是去做做瑜伽和冥想，跟朋友喝喝咖啡，彻底放松一下。很显然，我这样的女人肯定不符合‘传统女性’的定义……我发现要想拿出一天的时间去上瑜伽课是需要特别授权的，而且就算到了瑜伽课现场你也会发现自己的状态就像年过六旬的老人一样。我不得不放弃在表面上扮演传统女性的角色——这可是我曾经干得最漂亮的事呢。”

有时候坚持自己的理念还意味着能驱散心中的恐慌。2008年12月，经济大萧条，帕特里克的演讲场次突然间就大大减少，很多公司都取消了年会，也不再需要演讲者做演说了。一种对收入锐减的恐惧感笼罩着诺艾尔一家，于是帕特里克收到了一份三个月的劳动合同，要到外面去做演讲培训。这意味着她要在三个月的时间内不断在路上奔波。诺艾尔对于家庭收入的骤降更是恐惧不已，但是最后，她们还是认为这份合同有悖于她们一贯坚持的生活理念。

所以帕特里克拒绝了这次工作机会，继续坚持自己喜欢的工作，几个月以后，一切都好起来了。

**诺艾尔·麦克沃德，41岁**

**精神治疗医师**

**伊利诺伊州，芝加哥**

**凯拉和康纳的母亲**

那时候她的确可以抓住机会去赚几个月的钱，但是我的感觉……就是对接下来要发生的事情很担忧。后来有一天她过来跟我说，“我不会去做的”，顿时我那悬着的心就落了下来，这下我可彻底放心了。

事实证明，我们做出的决定是英明的。

我认为，在任何时候都不能在心怀恐惧的情况下做出决定，那很可能是个糟糕的决定。你真正需要关注的是你的人生价值，还有你到底需要什么样的生活。

当然，这是关于“新知足常乐”的理念当中很重要的一条：要关注自己真正想要的生活，要绘制属于自己的人生画卷。这包括：从宏观上审视自己的人生；理解每一个在个性化职业中发挥作用的现实要素；懂得怎么从公司的角度出发考虑问题；怎样根据我们特殊的家庭生活状况来做出选择，知道该把哪些问题摆到桌面上讨论，以便实施“个性化职业”策略。当然还包括了解自己到底想要什么——为了得到自己想要的东西，千万不要惧怕冒险。

* * *

皮特第一次从公司辞职的时候，贝基经常因此而夜不能寐，因为巨大的担忧就像一团东西堵在她的喉咙里，感觉被人掐住了脖子，又像是有什么东西挤压着心脏，觉得自己的眼泪随时都有可能夺眶而出。但是没过多久——生活毕竟还是仁慈的，一切又步入了正轨，贝基的家庭生活又回归了往日的和谐景象。这一次，贝基夫妇更加懂得了什么是真正适合他们的生活状态。皮特对新的律师事务所的工作很满意，他既能享受工作的乐趣，又不耽误创造属于自己的家庭生活画卷。几个星期以后，贝基也接到了这本《减法生活》的图书出版合同。

新的生活开始了，贝基的家庭生活发生了翻天覆地的变化。皮特工作依然很努力，但是他在家的时间明显增多——他在家里扮演的角色已经不仅仅是个“助手”了。现在的皮特可是家庭事务的顶梁柱，各种家务劳动都被他揽入怀中。他不仅负责做早餐，还负责早晨例行的常规家务，包括准备午饭便当和测试伊丽莎白的单词拼写情况。到了周末，贝基在她的家庭办公室里奋笔疾书，皮特就负责去采购，给全家准备好一个礼拜的美食。贝基甚至一度都不知道孩子们是否已经吃完了燕麦片，是否缺少了午餐便当里的零食，或者是否在早餐摄入了充足的维生素。皮特还要参与孩子们的各种周末活动，严格按照日程表上的安排陪孩子们参加各类培训课程。

皮特也开始替贝基接送孩子们上下学。很快，他就承担起了为孩子们的捣蛋失误签字的责任，还要帮助他们找回丢失的家庭作业，当然也少不了和老师及其他家长们在学校里聊聊天。

这一切都是贝基一直以来都在期待发生的事情。现在的贝基已经不是唯一一个承担家务劳动的人了——虽然，曾经她也为自己独自操持家务而心生失望与困惑之情。

但是现在的状况让她备感欣慰。千真万确，她获得的安慰都有点令人不敢相信了。

因为贝基需要潜心写作——这也是在她生完孩子之后做的第一件真正像模像样的工作。

GOOD ENOUGH IS THE NEW PERFECT

# 第6章 技术时代的女性

- 技术的运用是需要边界的,也需要使用者的自我控制。我们乐意去设定限制。
- 不是每个人都适合在家工作。
- Facebook和Twitter不能替代人们面对面的交流。

丽贝卡·莫利认为自己没有理由不能在家里拯救世界。

毕竟，她既是反恐怖主义研究员，又是一位来自纽约的阿拉伯语言学家。现在的她拥有非常专业的技术、高速便捷的互联网和帮助丽贝卡照料四个孩子的全职保姆。她觉得这样很够用了，于是她和西点军校的反恐怖主义中心签了约，每年需要去进行几次FBI探员的培训工作。

丽贝卡身高约5.3英尺，性格很直爽，拥有足够的幽默感和渊博的知识。这些使她可以在一个全是男性FBI探员的房间，给他们做关于阿拉伯姓名分析的讲座。丽贝卡出生在纽约，但她整个童年都在耶路撒冷度过，并且在18～20岁期间于耶路撒冷军队服役。坦白地说，很难去想象丽贝卡得不到她想要的生活。

她是一位母亲，她的工作方式代表了历史长河中我们这个时代的女性所普遍坚持的人生理念。她运用高科技手段把工作和生活融合在一起，这是上一代人所无法想象的。如果她没有在通往培训的路上（大约一年六次、每次一天行程），那么就在她家二楼的办公室里工作——借助于网络、电子邮件和她的电脑，坐在那里一边忙工作一边还不忘匆匆瞥几眼四个孩子——她曾说过不想错过这四个孩子的童年。在那间办公室里，她曾破译了恐怖分子的未知文件、周密的行动计划，并仔细地进行钻研。

高科技是关于现代母亲的故事中很重要的一个组成部分，因为它打破了工作的时空界限，其他事物都做不到这一点。纵然女权运动也开阔了我们的选择视野，但正是借助于网络、电子邮件、个人电脑以及手机等现代科技，我们才拥有了远程聊天、在家里谈生意、在客户回电话之前下班的可能性。“工作”的定义已经变得更为宽泛，并且我们已经拥有了处理大量信息的方法。当然，高科技也把我们同时开展多项工作任务的能力提升到了一个新的层次。

我们在网上搜索孩子的症状，在跑步机上给客户发邮件、给保姆发短信。我们用一整节钢琴课的时间坐在车里打电话、相互核对我们的工作日程、远程设置TiVo去记录《韦弗利广场的巫师》，以这样的方式我们度过了那个晚上的电话会议。我们的黑莓手机、iphone和笔记本电脑可以帮助我们把工作分配在每天的碎片时间中。比如说，本书的一部分，就是在一个芝加哥教堂的后面，在足球、篮球或者棒球练习的间隙，在曼哈顿中部的一个宾馆以及在很多候车室里写成的。

技术带给我们的又一大影响就是：它会使我们追求更高的成就，那些过去犹豫没有接受的任务，现在觉得自己都能够做到。这又使我们产生一种新的感受，虽然能胜任的事更多了，却没有过去的知足快乐了。

以上就是使技术具有两面性的原因所在：技术的确是一笔无可取代的新财富——它让完美主义者趋近于更完美，却很难让他们知足常乐。

* * *

这一幕发生在Nobu57号，位于曼哈顿中部的一个非常雅致的日式餐厅，我们会见了珍·卡特和她的丈夫韦德，这是我们第一次见面。

我把笔记本电脑留在了宾馆，也悄悄地把手机收进了口袋。自从进入纽约后，我们不得不回复各种邮件，不停地刷新网站，关注前几天大家发的微博。但是，现在是面对面的时间，我们准备好了抛下这些来进行交流。

在寿司摆上桌之前，贝基就拿出了iphone，珍也拿出了黑莓手机（霍利和韦德则多了一点克制）。和他们不同，贝基和珍通过微博见证了她们的会见。

@beckyandhollee：霍利和我在Nobu@playthisway在一起，坐在桌子边，旁边是伊万卡·特朗普。@playthisway：在Nobu@beckyandhollee和伊万卡的座位挨着我们——好优雅啊……

珍在手机屏幕上打开她四个孩子的照片，贝基迅速地查看电子邮件、语音信箱、Facebook和短信息，以确定她没有错过关于皮特和孩子们的消息。随后，当珍正在谈论着她认真考虑的一个生意计划时，突然解决方案冒出来了，于是她马上拿出自己的黑莓手机，发送了一封电子邮件（“就是这样了，决定了。完成！”还没回过神来时，她这样自言自语）。

在餐桌上就把琐事都搁在一边（使用高科技是不合时宜、庸俗不堪的呢，还是给人以高效率的深刻印象的呢），这一幕场景反映了现代女性的工作状态。对我们当中的大多数人来说，技术是解决我们生活中错综复杂的难题的金钥匙，它是让我们能够同时在很多地方跟不同的人打交道的魔力精华液（“没有我的黑莓手机”，珍在2008年对贝基说，“我会崩溃的”）。

在我们的调查中，超过四分之三的被访问者们认同技术帮助他们处理了很多家庭和工作事务，但是超过10%的人不这么认为，另外14%的答案是“不确定”。也许对技术的这种矛盾看法仅出现在访谈之中。尽管很多女性确信技术是一份奢侈的奖励品，但很多女性也承认不间断的联系使她们的世界变得更加糟糕，让她们的生活更加难以驾驭。

毕竟，科技能够把我们和其他人联系在一起，同时也把我们与他人真实的接触隔离开来。它保证了高效，却带给了我们更多的工作任务。它更阻碍了我们“活在当下”的努力，这一点是大多数女性称之为她们最想回避的副作用之一。

对一些人来说，这种打扰不仅仅关于呼叫本身，还关于期待——一种“被人需要的焦虑感”使她们很难迅速地调换生活频道。作为一个医生，珍非常了解这种感受。当她待命准备工作时，她有时会发现自己在思考：“它什么时候会发生？我要准备去医院吗？”

“我已经默认了那就是我的工作，”她说，“对我来说生活很难，是因为我有四个孩子。我总是不得不去想，‘当我需要投入工作的时候，我又能给予他们什么呢？’”

珍通常会找到一个两全之策，但她从来不知道何时该聘人去做她家的保姆。更糟的是，完全没有其他办法。对她来说，每次黑莓手机响起，她都会伴随着轻微的紧张，她可能为之而精神崩溃。

一些女性朋友认为她们被黑莓手机绑架了，手机在她们的提包里一响，就会把她们带入一种持续待命的状态。她们总在想她们的工作，总在等待下一个电话和邮件过来。妮基·阿德科克·威廉斯，是一位性格外向的律师，她嫁给了肯塔基大学法学院的一个校友，她告诉霍利说在她拿到渴望已久的黑莓手机之后，自己与技术的关系变得糟糕了。使用手机一段时间之后，她开始觉得自己被律师公司拴住了，那里是她事业的开端。起初手机带来了自由——但随后，似乎又偷走了自由。

**妮基·阿德科克·威廉斯，33岁**

**律师**

**佐治亚州，麦克多诺市**

**安娜和利亚姆的母亲**

我的黑莓手机寄来的那天，我非常高兴——整个人都能量十足——那晚在开车回家的路上，我有一种获得自由的感觉。

我很快便意识到了随时都可以被找到并不是一件有趣的事情。慢慢地我开始在汽车里，在餐桌边，在和我的丈夫汤姆去看电影的时候，甚至在看歌剧的间隙里查看手机。

汤姆不喜欢我的黑莓手机，尤其讨厌我在晚上接到一大堆来自正在欧洲旅行的同事的电子邮件，他们需要我去处理些法律问题。无论何时收到一条新的信息，手机都会震动。如果我没有第一时间回复（因为我在睡觉），他就会再发几条信息询问我为什么没有回复他的第一条信息。随后的震动几乎能把我的黑莓手机震到地板上。身处旅行中的同事忘记了还有时差，他之后又抱歉在凌晨四点钟吵醒我。但是，从睡梦中惊醒的汤姆从来没有得到任何道歉。

汤姆和我谈了他的感受，自从我有了黑莓手机，我脱离了正常的生活状态。正是从那时起，我开始不满科技对我生活的入侵。

我们与所拥有的设备之间是一种复杂的关系，在某种程度上我们变成了它们诱惑力下的牺牲品。然而，我们不能否认它们给我们的馈赠。比如说，贝基无法想象离开了iphone后该怎样处理她的生活，iphone是她生活的一种中枢。她发现有时候自己对iphone的依赖性让自己感到纠结、悲伤或者崩溃。正如以下这种情况：当她正打算给儿科医生打电话时，

iphone出问题了。“我的电话坏了！我连医生的电话都找不到了！”她惶恐地冲进学校调查她女儿的意外事故——随后，结果出来了，是脑震荡。刹那间，她僵化了。没有一个可触摸的显示屏在手里，她都不能确定下一步该怎么办。“学校办公室的文件里也许有雷曼医生的电话，”她的朋友艾米丽耐心地说，“墙边就有公用电话。”

但是，一般说来，新技术极大地增加了现代女性的选择。她们的工作、生活都更加方便和灵活了，或者最起码能够在家工作。

现在，我们再回到反恐怖主义专家——母亲丽贝卡·莫利这里。

## 家庭办公的革命

丽贝卡在博士学位攻读期间主攻的是中东问题和阿拉伯语，当时她全身心投入到自己的教育和职业生涯中，但她不想每天早上一起床后就一头扎进办公室——无论如何都不愿意。

“我想把人们带到现实世界中，我也想到这样的世界里。”她在2008年早期的一次访谈中告诉贝基，“但是总有时候你只想静静地做你自己。”

在家办公给了她这个机会。她的工作是周期性的：有时她能签好几个FBI的定期训练合同。她发觉自己整日都在楼上的办公室工作，除了午饭时，她唯一的休息时间就是出来抱抱孩子的时候（在孩子们还小的时候，她中途也需要短暂的时间去给他们哺乳）。当她还是一个小孩子时，她就能够很好地集中注意力，这并非是刻意训练出来的。这点使她很适合在家里办公：在工作时，她不会被杂事分散注意力，不会去注意办公室外发生了什么，事实上，她很少离开办公桌。“这就是我的风格，”她说，“如果我清楚自己需要做一些事情，我会全身心地投入直到把工作做完。”

当她没有大项目工作任务时，她会集中精力写文章，诸如《从解读伊本·泰米亚来看自杀行动》等。她负责的部分训练虽然经常在城镇外举行，但它们的时间已经定好了，所以她能够围绕着这些训练时间做出周密的计划。她只去单程仅需两三个小时的地方，这样她就不需要在航班上过夜。这样的安排给了她能尽母亲之责的条件，比如，接送孩子上学前班，和他们在院子里玩，或者跟孩子一起练武术等。

“对我来说，生活事业的平衡、内心的宁静、做想要做的事情——那就是我心中的完美状态。”她说。

2010年一个微风习习的早上，当贝基在丽贝卡纽约维斯切斯特家中的卧室采访她时，丽贝卡的一个女儿走进了房间。打了个招呼后，丽贝卡说着抱歉暂停了谈话，她坐了下来，和孩子四目相对，慈爱地凝视着孩子的笑脸，送上了一个甜甜的吻，跟女儿用希伯来语轻柔地说着话。

“真好，”丽贝卡说，“能拥有这些时光。”

* * *

拥有这样的时光是很多母亲之所以选择在家办公的原因。即便对那些没有博士学位，却仍想要在家办公的人，科技也创造出了这样的机会，这被家庭办公方面的专家托里·约翰逊称之为“黄金时间”。最新的技术进步——颇受欢迎的、比较轻松容易，而且低风险的在线商家和咨询公司——为寻求更多工作机会的女性创造了在家工作的条件（即便是传统的销售公司，像特百惠、玫琳凯、雅芳，也重复了历史上最近那次经济萧条后的增长模式，它们代表了家庭办公这种潮流的一隅）。

家庭办公的做法打动了很多我们采访的母亲——从企业策划到风险投

资师和想要在家里工作的律师，再到大多数想要补给家庭收入的母亲们。

托里·约翰逊在家成立了她自己的女性招聘公司，现在作为《早安美国》的一名专家，在突击调查中她感受到了关于家庭办公的好处。最大的亮点就是：没有往返的路途，很少下班前的冲刺赶工，不用穿衣打扮好再去出门挣钱。

托里说，问题是很多母亲抱着幻想：当她们在沙发上用电脑耕耘事业时，孩子们在地板上安静地玩。“借助科技，母亲们可以做到在家工作，”她说，“但首先她们需要估计一下自己在家工作的可行性。毕竟不是每个人都可以把家塑造为一个可工作的环境。”

瑞秋·斯沃，《纽约时报》的一名记者，在她休假开始写书时，曾考虑过在家动笔。起初，她想要打扫干净客房，把它作为办公室，用来深入研究米歇尔·奥巴马的家族。但是她的丈夫奉劝她，即便有保姆在家，她也很难集中精力，因为她的两个儿子每天都有一段时间在家。

虽然可以省去往返路途上的时间是一个很大的诱惑，但瑞秋知道丈夫是对的。所以，她选择史密森尼的写字楼作为办公室。那意味着她不得不花费宝贵的工作时间在来回的路途上——但同时也意味着当她在工作时，她可以真正地“在工作”。

传统工作方式和在家工作方式的差别成为了我们这一代与科技纠结的根源。一方面，我们很感激技术，因为它消除了工作和家庭的界限，使得我们能够同时做更多的工作。但是这也使得我们不得不努力去搞清楚什么时候应该放松，并且我们有时也会意识到自己已经做得太多了。毕竟，这种困扰不总是来源于过分热心的上司和不耐烦的客户。

网络把整个世界塞满了无穷无尽的信息，新闻、娱乐和人物，放在了我们的手指尖上。有时候我们情不自禁邀请它们进来——即便我们知道它们把我们和真实生活中的人阻隔了起来，而后者其实才是最重要的。

## 超负荷信息量

在很长一段时间里，霍利对科技的兴趣是功利和不确定的。她从来没有想过要拥有一个黑莓手机或者iphone。这些年里，她甚至不需要手机：当她在办公室里工作时，孩子在家里跟保姆在一起，保姆很容易就能通过她办公室的电话联系到她。

后来孩子们上学了，家长需要随时都能够被联系得上，霍利屈服了——事实就是这样的。她认为科技分散了她的注意力，她讲课的时候，她的学生在查阅电子邮件或者上网冲浪，这使她感觉很恼怒。她严禁在教室里使用笔记本电脑，因为她不想对着眉毛讲课，当看到其他学者们日日夜夜地发短信时，她直摇头。

直到她开始写这本书。

作为第一次出书的作者，众所周知，在写书之前我们要建立一个网站，我花费了2009年的前半年时间来完成这个想法。在2009年8月建成了网站后，我计划偶尔写写博客——我只是想要证明我的网站对潜在的出版商是具有吸引力的。事实上，早些时候霍利拒绝过建立个人的Facebook主页（“我的学生或许想要在网上跟我打招呼”），而且当贝基的弟妹建议她开通微博时，她还持有怀疑的态度。

随后她注册了Facebook和微博，继而就被它们深深地吸引了。Facebook提供了联系老朋友、提升博客访问量、在线聊天的机会。有时它节省了时间：当贝基和霍利写书时，可以通过Facebook在线聊天迅速地沟通信息，而节省了打电话的时间。相伴而来的是，它分散了人们的注意力，这正是霍利所担忧的。然而，那和微博比起来，根本就算不了什么（约翰告诉她，他的新闻学学生同意她的观点。比起被称为“发狂级别”的微博，他们把Facebook仅仅叫作“入门级的毒品”）。

那些典型的反应都统统开始在霍利身上暴露出来了。霍利不会在仅仅发表一篇博客后就完事儿——她会不断地刷新她的Facebook，查看它，叫她的朋友们去留言评论。她安装了谷歌分析仪以追踪交通，她强迫性地去查看结果。她把孩子放到床上之后，没有和约翰一起出去散步，而是奔向了计算机，参加“微博聚会”，留言评论别人的博客，以此来建立起自己的读者群。当网站的服务器下降到48个服务时后，霍利在网上和网络主管至少聊了十几次——她不能接受网站要关闭的消息。

霍利控制不了自己，约翰跟着也快要疯掉了。

“你宁愿花费时间和不认识的人在一块儿，也不愿跟我在一起。”在十二月的一个晚上约翰朝霍利吼道。

而这是事实。这本书的筹划使她感到失控了——书稿临近最后期限，这让她疏忽了自己的全职工作和家庭责任——晚上微博在线会让她有一种舒适的感觉，她觉得自己为这本书付出的越来越多了。即便有了这种意识，她也很难再缩减花费在网络上的时间。建立网络对这本书来说很重要，但是很难找到一种缓和人与网络接触的折中方法。

尽管在无数的谈话中霍利发誓要少玩微博，但实际并没有改变多少。霍利依旧持续地挂在微博上，不分昼夜。

## 把它关掉

对于我们当中的大多数人来说，设定界限是为了让我们享受到科技带来的益处而不是让它把我们逼疯。再次审视知足常乐的定义——恰到好处地适度待人接物，而不是究其穷尽——是很重要的。我们所采访的最知足的女性说明了她们自己知道花费多少时间在电脑和手机上是恰好的——而当超时的时候就需承受起相应的后果。

“其实坦诚地讲，我自己就是问题的源头。”珍·卡特曾告诉贝基，“如果我能够更好地驾驭科技，它就不会造成这些问题。”所以珍——一直以来的问题解决者——开始努力控制自己对手机的使用，她把用于网络的时间缩减到一个能够真正带给她自由的限度。她尽可能地不去查阅她的黑莓手机，注销了她的微博账号。她也设定了界限，告诉同事们说她对下班后的电话时间是有限制的。

在第一次访谈中，珍对新科技带来的可同时处理多项任务的可能性很乐观，她告诉贝基说她“能够在跑步机上锻炼的同时写一篇拼写无误的电子邮件”。但是，两年之后，她很骄傲地说她能够控制好使用手机的时间。在一封通过Facebook发送的私人邮件中，她曾告诉贝基：

> 对我来说那就是一场革命——我能做的是有限的，我不得不集中精力在我的孩子们和我的丈夫身上，也得为我自己积攒点精力（尽管也只能望着墙壁十分钟）。在离开了黑莓手机后，我仍然会感到无所适从，但是那以后黑莓手机就在健身房的更衣室里了，而不是跟我一起在跑步机上！

这种对科技使用的控制能力——保证了我们不会脱离自己的现实生活——这在当今时代是很重要的一项能力。心理咨询师诺埃尔·麦克伍德有时在做夫妇咨询时会发现一点：其中一位会抱怨另外一位对科技产品的使用打扰了他们的生活。

“你有很多种方式把所有的精力集中到Facebook、电子邮件或者其他事情上，而事实上你根本没有和另外一个真实的人有联系，”她告诉贝基，“而且甚至连Facebook也不是一种真正的人与人之间的联系方式，它会成为家人和夫妇之间的障碍，因为花费在它上面的时间都可以用来和家人面对面地相互交流。尽管它没有带来额外的负担，但它的确把你从家人身边掠走了。”

谈到设定界限和交流，这并不是那么容易的，诺埃尔说：“因为时间没有硬性的界限标准。”

即便是托尼·约翰逊，想要休假也是有困难的，她是一位家庭办公方面的专家。在筹划一次跨国旅行时，她跟孩子们达成了一个协议。他们先去了红石山，在那儿她的儿子想玩高尔夫，随后他们去了洛杉矶，她的女儿想要看金·卡戴珊生活过的地方——孩子们也在担忧黑莓手机带来的扰乱，所以托尼承诺一天当中只查看手机一次。令人吃惊的是：当她全神贯注地享受她的假期时，什么事情都没有发生。

与妮基·威廉斯相反的是（她的故事随后会被提到），利比·温萨学着只要工作越界了就立马设定限制。她知道哪些客户、案例和搭档需要立刻回复，哪些可以等到她晚饭之后。她知道优先顺序——而且她相信自己划定优先顺序的能力。

**利比·温萨，34岁**
**一家国际法律公司的律师**
**宾夕法尼亚州，黎巴嫩县**
**威廉和安德鲁的妈妈**

有很多天我似乎都被拴在宣誓庭或审讯庭里，我知道，如果一有紧急状况就会有人找到我并告诉我情况。

我尝试着对私人时间采取同样的态度。当然，正如我所说的，你不可能一直持有那种状态，你不得不去关注工作中发生的事和安排它们的轻重缓急。

我自认为没有被黑莓手机所束缚，但我的丈夫却可能会说我已经有很多个晚餐或下午茶没好好陪他了。因为当时我正在查看电子邮件，突然叫起来‘真糟糕’，我以这种方式应答我们正在谈论的话题，或者没打招呼就拿着手机出去20分钟。这样的事的确时常发生。

所有的这些事情都促使我去思考，如果你对自己所从事的事有自己的见解和经验，那么至少你会对工作的优先方面有所反思。在做律师的头几年里，我对于手里的工作真的没有什么优先顺序的判断——哪些客户需要立刻回复，而哪些客户几个月内都不会看你的工作成果。当我开始着手工作的时候，就会投入到繁多的项目和案例当中，当时很少会考虑（如果有的话）关于这个项目是什么样的，大的蓝图是什么，因为公司一般不让一个初级的助理去做这件事。

* * *

后来，霍利找到了最适合自己的微博使用方式。在某种程度上，她会统观全局，并排列出事情的优先顺序。

她重新设置了微博模式，好让它不会每当有一个新的动态时就响；她限制了自己每天查看它的次数，而不是一天到晚都开着电脑。

现在，当霍利的状态出现不对时，她就能立即把状态调整回来——这次她把关注重心调整回了她的家人身上。约翰为她把注意力转移回了家而感到很开心，霍利也过得更加快乐了。

然而，有时候她还是会情不自禁地会把这种欢乐与朋友分享，通过……一个状态更新。

GOOD ENOUGH IS THE NEW PERFECT

# 第7章 给自己当老板

- 直接全身心投入创业是一条当上老板的捷径，但不是唯一的途径。
- 社区管理工作、导师或者教练都能先让你找找当老板的感觉。
- 有能力成为企业家的人是不会被单一的某项工作吞噬的，他们会在完美地完成本职工作的同时，还不温不火地进行着自己的事业。

刚出生的小女儿在隔壁的育婴房中睡得正酣，吉娜·杰拉德便开始在健身房的跑步机上挥汗淋漓、试图恢复到产前的身材了。就在这时，她突然萌生出了一个宏伟的念头。

五年前，也就是2003年，在拿到自己的硕士学位后，吉娜不想让自己天天被关在郊区的房子里。为了避免初为人母而与社会隔绝，她成立了一个非营利性组织，注册了一个亲子教育课程组织。她还参加了一个妈妈读书会，又重新回到了健身房。

走出来正是为吉娜的第一次创业理想描出了端倪。在跑步机上，她开始设想着，要是有一个既可以让妈妈们参加培训课程又可以有幼儿托管功能的空间该有多好！最好还能配备健身房和美发沙龙，妈妈们可以在这里享受一条龙的服务。

这个宏大的念头在当时只是一个转瞬即逝的想法。产假结束后，吉娜重新回到了她热爱的工作中，继续去帮助非暴力犯罪刑满释放人员找工作、做调解。调解范围逐渐扩展到整个市区，也成功地帮助了很多人重返社会。吉娜不但是一个作家还是一位成功的经理人，这些光环也让她的非营利性组织不断地壮大起来。在短短的几年内，十几家邻里们都加入了亲子课程组织。

就在工作蒸蒸日上的时候，吉娜却退缩了，因为她感到无比疲惫，无法平衡工作者和母亲的角色。她开始怀疑自己，并提出了一个质疑：为什么没有人告诉过她鱼和熊掌不能兼得？一直以来，她受到的教育都是让她好好读书，考上大学，然后找个好工作，努力干活。

“从来没有人告诫过我，当妈妈是件很辛苦的事情，而且孩子会占据你大部分的时间以致于干扰到工作和生活的平衡。要学会平衡，要学会与生活拔河。”她告诉霍利，“过来人明明都知道这是个问题，可是却被刻意回避。我的感觉就是为什么没有人告诉我？为什么我会毫无准备？”真正遇到的时候彻底傻了眼。

吉娜对自己一直被灌输的思想感到生气，一直以来大家都告诉她：“在学校好好学习，拿到好成绩，你就能找到好工作了！”

一旦有了宝宝，社会就会拿着大喇叭在你耳朵边上说：“行了行了！快停下你手上的活儿吧！你已经有孩子了，你怎么能扔下你的孩子不管而去上班呢？真可耻！”

吉娜带着社会的声音回顾自己工作的时候，另一种声音又从心底发出了：“你怎么能这样呢？怎么能消极怠工，早下班去接孩子呢？要是你不在乎这份工作，有的是人在乎！”

就在职业女性和好妈妈对弈的时候，上天帮吉娜做了一个决定。

2007年，吉娜的父亲辞世了，留给她一大笔遗产。这笔钱足够她实现多年以来的梦想。她觉得这是上天的意志，就像父亲在耳边说：“这是钱和孩子，是你最需要的两样东西。这些钱能让你同时拥有它们。去吧，去实现你多年的梦想吧！”吉娜辞去了工作，开始了创业新旅程。

吉娜很自信，因为以前运作非营利性组织中管理10位员工的经历，让她更好地转型为创业者。

2009年5月，吉娜终于在明尼苏达州的郊区开了她一直向往的“妈妈会所”。她倾其所有，把父亲留给她的所有财产都投了进去。效果出乎吉娜的预料：一个温暖的开放式的会所，同时拥有美发沙龙、健身房、艺术课程教室、网吧和儿童托管中心。妈妈们在享受休闲时光或学习的同时，还不用担心孩子没人照顾。这是一个妈妈们可以尽情享受瑜伽、普拉提、修身课的地方，完全没有小尾巴们拖累，不用担心被孩子缠着无法享受生活。

* * *

现在，吉娜已经是美国女性创业大军中的一员了，她们为了获得自由有弹性和合理控制协调的生活，纷纷开始创业。现在有800万美国女性拥有自己的事业（创造了2300万就业机会），积累了3万亿的资产。事实上，在超过100万资产的公司中有20%的女性创业者，而且越来越多的美国女性选择加入这支队伍。一项调查显示：即使在经济不景气的情况下，仍有数量相当可观的美国女性选择研读MBA，开始她们创业之旅的第一步。而且在MBA毕业生中，有越来越多的女性选择投身创业的海洋中。

创业，让更多有掌控欲的女性找到了归宿。在这次调查中，超过20%的妈妈拥有自己的事业，作为自由作者或作为合伙人。这里有两位受调查者的反馈：

开始我作为职业女性，每周工作60～80小时，平均到每天需要工作12～16小时。经过一段时间之后，我发现这样不行，我需要逃离这种可怕的情况，回到能支配自己时间的时光。

之前我辞职了，在家照顾孩子们。可是一个人的工资远远不够支持整个家庭的。离婚后，我被迫需要回到工作中去。现在，我正努力地发展我的个人公司。创业，让我有足够的金钱之外还可以灵活安排时间陪家里人。

创业，让我们能够自己掌舵，自由安排自己的时间，让我们游刃有余。2007年12月的金融危机只是减慢了女性创业大趋势的速度而已。在这次经济衰退的大潮中，绝大部分的失业者都是爸爸——所以妈妈们站出来了，跳入洪流中，试图弥补家里的收入损失。实际上，在2009年，女性的就业人数在历史上首次超越男性。

越来越多的职业妈妈在这盘棋子中扮演重要的角色。一些妈妈独立经营公司，参加商业谈判；另一些妈妈投资生产新型产品等，创造了许多新产业，从不起眼的厨房餐桌边缘产业，到数百万美元的大型企业。在踏入创业的每一步艰辛历程中，妈妈们学会的不仅仅是如何经营掌控公司，更多的是学会了一种难得的规则：懂得放弃完美，有舍才有得。

## 为什么“足够好”对于企业者来说就已经是完美了

从前，琪姆柏丽·奥斯特·霍斯坦恩想做气象播报员，或成为“今日”栏目的当家主持人，或者犹太教律法专家。

“我希望做一个心灵启蒙者。”她在一个万里碧空的早晨对贝基如是说。这次谈话是她们第一次会面，在2008年的深秋。

虽然现在气象学专家和法律专家的梦想暂时搁置了，但是心灵启蒙者这个称呼她实现了：她拥有百万美金资产公司的董事、首席执行官和

“首席心灵启蒙师”的多重身份。公司是她与丈夫共同经营的。

“这是我生命中最成功的尝试!”琪姆说。

琪姆和丈夫斯科特创业的原因很简单：能自由地支配时间。让琪姆描述朝九晚五的生活是件难事，因为她基本上没经历过。不是说琪姆的工作生活散漫，她也有日程安排，例如，每周例会上会见领导小组。但她能够自由灵活地安排自己的工作和生活，平衡事业和家庭。她每周的安排一定会包含两项内容：工作和私人生活。她非常努力地在维护着这种优先权。需要会见公司高层的时候，琪姆就开车进城。而平时，她更多的是拿着笔记本在家里办公，在她最喜欢的开放式厨房吧台上工作。这幸福的生活并不是一蹴而就的，在琪姆没有孩子前，她的工作并没有能让她每天充满精力，让她每天兴趣满满地去上班。20世纪90年代初，琪姆和丈夫已经开始创办公司了，但当时她还在广告公司工作。这种搭配组合让她很痛苦。

“我永远不会忘记那一天那一幕，当我递上我的辞呈，”她对贝基说，“那种感觉就好像把自己从苦海中救出来一样！曾经的日子已经让我感觉快要窒息了。你知道吗？之前我做的数以万计的广告，每一条都花费了很多的心血，你绞尽了脑汁儿，但最后它甚至根本不会播出。这让我觉得失望无比，觉得自己做的事情毫无意义。不仅没有成就感，甚至会感到非常痛苦。”

可作为创业者就大不一样了，琪姆有了更多的选择和热情，并且她深深地确定她再也不会回头走她的老路了。她和丈夫在共同创办的公司中各尽所长，互助互补：琪姆善于出招想策略，而她的丈夫更擅长执行和把握细节的东西。也正因为是他们两个人亲手创办了公司，所以他们能够向其中倾入更多的思想精髓与社会责任。他们的“面包会有的”项目的精髓是：小小的生面团总能蒸出美味的面包！寓意为积少成多，从小事做起。他们对学校收集到的每一个“琪姆和斯科特”盒子商标赠予一美金的奖励；他们还组织过“面包献爱心促和平”的募捐，主要捐助对象是一些特殊机构和活动，例如：残奥、乳腺癌远足活动、粮食救济机构等。

“我们创办公司的意义很大，远远超出了金钱的范畴。”琪姆如是说。

贝基采访琪姆的时候，琪姆正对她现有的两样东西深深痴迷着：一个是创业享受到的自由；另一个就是“足够好”这个角色带给她的成功。琪姆认为“足够好”这三个字可以诠释她的人生态度——承认自己的不完美，你才能更接近完美。她的自由哲学可以总结为：勇敢追求梦想，拒绝恐惧，创造自己真正想要的生活。

**琪姆柏丽·奥斯特·霍斯坦恩，43岁**
**琪姆与斯科特公司董事、首席执行官和首席心灵启蒙师**
**伊利诺伊州，威尔米特市**
**索尼娅、丹尼尔和艾登的母亲**

我是这么走向成功的：首先确认你想要什么样的生活，然后找寻实现这种生活的办法。扪心自问：是什么阻碍了它的发展？你怎样将面前的障碍移开？

和所有人一样，我曾面对困难不知所措、彷徨、失望，甚至曾想过要放弃。但每当我一遍遍地问自己这些问题时，每一次都有新的体会，获得新的成长。渐渐地，这让我觉得任何事都是有可能的，没有什么不能做到。当你经历过这一切以后，回头看看，你会发现之前的恐惧根本不值一提，也更谈不上会阻碍你的前进了。

从前的我是个完美主义者。我希望任何事都能像我预想的那样一丝不差地发展，我希望我的成长过程是完美无缺的。一旦你从奔跑的转笼中被放出来后，一切都释然了，你会看到一个不一样的世界。不会再自欺欺人地奔跑，你会享受到真正跑步前进、大口呼吸的畅快。原来生活如此多娇！

这其中的哲学道理就是：眼睛不要总盯着别人过得怎么样，别用别人的标准来要求自己；扪心自问自己真正想要的是什么，退出那些无谓的比赛和竞争。

琪姆毫无保留地向自己的公司投入了百倍的热情。她着迷于烘焙她人生的面包。随着火候的适宜和时间的流逝，面包已经逐渐丰满并渗出香浓的芝士。混合莓子的馅料、沁满菠菜羊奶酪的酥皮、洒满巧克力碎屑（这是琪姆最爱的味道），这人生的面包，何其回味！

在恰当的时候，琪姆的孩子们也加入了企业：2000年，在他们刚与国内著名饮料供应商合作项目的时候，索尼娅加入了企业；2003年，当他们开始售卖QVC的时候，丹尼尔加入了企业；2005年，琪姆&斯科特咖啡厅发布会刚落幕没多久，艾登便加入了企业（真是及时雨）。事业之始，当家族企业遍地开花的时候，琪姆和斯科特则是把更多的精力投入到担任家长这个角色中。有时，他们会带着孩子们去参加费城的QVC发布会；在哺乳期中，琪姆还负责来回运送“粮食”。正因为拥有自己的事业，琪姆和斯科特才有自由去扮演家长的角色，悉心处理家庭的琐事。琪姆每天例行的事情就是接送孩子们上下学，睡前给他们讲故事。还有最宝贵的就是她从来都不会错过与孩子们谈心的温馨时间：“今天在你身上发生的最棒的事是什么呀？”她拥有自由支配时间的权利，这才能不让幸福从指间溜走。

这种一反常人的幸福来得却并不是那么容易。琪姆和斯科特曾求助于人生的导师，指引他们如何平衡创业与生活，人生的涨潮与退潮。他们之所以能够到达如此完美的境界，其中非常重要的一点就是：离开办公室并不意味着工作结束了，要给自己制订计划。像我们采访的其他创业者一样，琪姆毋容置疑地告诉我们：如果没有计划，事业很容易就会将她淹没，从而很难求得创业和生活的平衡。

由于我们与父母已经不是一个时代的人了，所以以前的‘工作生活分开’的说法在我们身上已经不适用了。新时代要接受新观念，所以我们不相信老一辈的说辞了。对于我们来说，将工作和生活合理地融入到一起，才是最适用的、最适合我们的。但是这真的是一件难度很高的事情，非常有挑战性。举个简单的例子来说，当我给孩子喂奶的时候，我真的能把工作放下吗？真的能对自己说，那些工作相关的事情一会儿再处理吗？这真的很难做到。我和斯科特一直在学习在反思，怎样才能做到更专注更和谐。

跟其他朝九晚五、回家就不思考工作的人不同，我们将工作融入到了生活中。我们脑海中随时随地都在思考着新点子、新味道等。当脑子里都在想这些事情的时候，很容易就被思绪淹没了。所以最具有挑战性的事是：当你跟你的孩子在一起的时候，能不能先把工作的思绪暂时放下，专心陪孩子，一会儿再来处理或者思考工作。这种能力是需要不断训练的。

我也还在努力地学习和训练中。这是我现阶段的主要任务，我希望自己可以不断提升，直到可以从容地切换、平衡工作和生活。

* * *

尽管困难重重，近十年下海创业的人还是络绎不绝——上一个十年是美国创业人数最多的十年。与以往的创业概念截然不同，这十年的创业者不再是通常大家脑海中的本科刚毕业以网络技术为主要业务的形象了。考夫曼基金会做过一项研究，调查显示：近年来的典型创业者多为已婚并且有孩子的父母群体。

这些创业者大多都希望能够跳离原有的工作模式和公司架构，重新依靠自己的想法创造价值。这些也不足为奇，因为这一代创业者大都出生于生育高峰年代，家里有很多个孩子，从而造就了他们独立的性格特点。考夫曼基金的调查显示，对这些创业者来说，“给别人打工”没有吸引力和感染力。

仔细了解、阅读了各种报告和数据后，我们试着去推测创业激增的原因。20世纪90年代末期，随着网络时代和网络技术创业的发展，创业已经成为人们思想的主流。这种打破常规工作模式的潮流吸引着六七十年代出生的人们，他们希望能够自己主导自己的生活。首先，学费贷款的新兴是他们成功创业的重要影响因素。与前辈不一样的是，这一代创业者更引人注意。六七十年代出生的美国人是第一批拿着贷款从大学毕业的学生们，毕业时他们还有着沉重的学费贷款，甚至有的人到三十出头了还没有还完学费贷款。即使我们把学费贷款忽略，还有养老准备金和孩子教育基金等着他们支付（听起来是不是就已经头疼了）。

这些因素累积起来，让“60后”、“70后”们不断反思着个人价值实现和人生的平衡指数，并走上了创业之路。西尔维娅，知名经济学家和工作生活政策中心创始人，在《哈佛商务报》上发表过一篇名为《为什么“60后”、“70后”会逃离原本工作轨迹》的文章，文章如是说：

进入21世纪，不论男性还是女性精英们都深深地感到被传统的工作模式所羁绊，感觉走到了死胡同儿。他们更倾向于选择横向、多选择的工作模式，比如，拥有自由的日程安排或者在家远程办公。只要这些模式是能够让他们实现自我价值的、有挑战性的，都会吸引他们的眼球。如果现阶段的工作不能让他们清晰地感受到自我价值得到实现，他们便会另寻他径。

我们在探寻“他径”的时候，发现很多妈妈真正地下海创业了。不同的女人有不同的想法和点子，所以受访者中做什么的都有。很多女人都开始实现她们的梦想，走上了创业的道路，她们都提到了“创业女人”这个组织。“创业女人”是一个女企业家组织（它是一个众所周知的以研讨小组的形式出现在网络上的组织，风靡美国和加拿大）。

霍利打电话给“创业女人”的创始人维多利亚小姐，了解她和组织的情况。“创业女人”这个组织拥有20多个城市的十万以上的女性会员在线参与小组研讨。维多利亚告诉霍利，她在创业伊始也遇到过困难、考验，走过弯路，经过了一个过程才找到真正适合她能够发挥热情和特长的事情。在“创业女人”之前，她曾经做过律师、投行人员、售楼机构工作人员，还掌管过两个网上婚纱店。起初，维多利亚只是想创建一个网络平台，供“身边的创业者”“不愿意给别人打工”“想当自由职业者”“还未拥有自己的事业”的女性交流，因为她们各自身在一方，不方便交流。“创业女人”的前身是本着这样一个目的创立的。

八年过去了，维多利亚的网站交流平台成为一个享誉国际的成功组织，在美国和加拿大的大部分城市极具影响力。她在网上为成员们提供卖家信息、创业知识宣传、网络操作指南，以及每日一剂的“创业金点子”等内容。网站还提供非常重要的一项服务：为寻找新的生活方式的女性们提供在线研讨的平台。维多利亚告诉霍利，现在网站的组成板块大致是：40%是产品消费（像珠宝、婴儿用品等），40%是服务消费（像按摩理疗、心理咨询等），还有20%是创业技术服务（提供像公司网页设计这样的服务）。

维多利亚全职参与她的企业，但是时间安排完全靠她自己的意愿。她告诉霍利，她经常在白天安排私人事情和友人会面，把工作放在晚上做。她和丈夫将家设在克莱维兰的郊区，一个风景如画的地方（她的女儿跟她上同一所私立小学）。维多利亚经常为了演讲和商业会议在国内出差。调研专家维多利亚（她调研搜集大家的过错）说，她成功的主要原因是能够接受不完美和失败，这些因素都是成功的必经之路。

她告诉霍利：“我们的工作就是搜集各种资源，为暂时失利的创业女性提供重新振作起来的机会。失败是件好事，俗话说失败是成功之母。失败过，就学会了如何应付挫折。这是一场拉力战，需要持久力和耐力。有的时候，成功和失败只有一线之隔。”

## 战胜失败期的不适

维多利亚告诉霍利，创业的成就感和引人注目的利益让女性同胞们很容易地就倾其所有，跳入创业的海洋中。在她们还不具备企业家能力和没有看清行业方向的时候，不知道如何维持企业的长久经营，就很容易失败。创业这浑水可不是好蹚的，需要有强大的心理素质和高瞻远瞩的眼光及战略规划。近一半的新企业在五年之内纷纷夭折。

自己给自己当老板与给别人打工是很不一样的，你从健康保险上就能看出来。还有另外一些高昂的费用都需要自己支付。但这也阻挡不住女性创业的大潮：女性创业人数要比男性多两倍。她们已经为自己赢得了一个美名："辣妈企业家"。辣妈创业的趋势发展得太快了，有需求就有供给，行业中已经出现了为辣妈们出点子、谋规划的职业了，劳拉就是其中的一员（霍利浏览了劳拉的Twitter页面，发现了很多为辣妈们提供创业信息、指引公司方向的信息）。

劳拉自信地认为，她的事业会永远一帆风顺，因为她走在辣妈创业潮流的尖端，顺应着潮流。作为"军师"的这个创意点子在她脑中不断闪烁跳动。2002年，在第一个儿子出生后，她立刻抛弃了IBM高薪的职位，全身心地投入到了创业的海洋中。但是计划不如变化快，虽然她的想法是好的，也顺应着潮流，可是结果并不尽如人意。她努力地维持着，消耗了她大量的精力。在密歇根的寒冬里，她诞下了第二个儿子。生产之后，劳拉就被确诊为产后抑郁症。在痛苦之中，劳拉决定重回工作岗位，回到原来的生活中去。

经过了一整年的培训和维多利亚的帮助，劳拉重新审视了自己，并学会如何处理创业初期的问题，逐渐摆脱了创业初期的盲目自信和稚嫩。劳拉在2008年获得了巨大的成功，她在Twitter上记录了这个里程碑——她成为了辣妈创业指导师。顷刻间，来自全国各地的创业辣妈们纷至沓来。2009年，劳拉就进入了福布斯创业女性前30位排名的名单。这帮助劳拉建立了她的主要客户群。通过网络，有创业念头的辣妈们可以只利用在家的几个小时，就完成创业导师的指导和培训。

劳拉的客户们也面临着初期创业的各种问题：第一，缺乏计划和战略远见。我们什么时候才能转型成功，成为一位不只会抹面包酱、打包午饭的成熟创业者呢？第二，不愿意主动寻求帮助。当劳拉访问她的客户怎么平衡孩子和工作之间的关系时，大多妈妈是这样回答的："我尽量把工作时间压缩，放到夜深人静的时候，所有人都睡觉了，我就不会遭到干扰了"，或者"我通常把自己暂时锁起来，这样就听不到孩子的哭闹声了"（这种逃避心态在很多创业辣妈中是一种常态，几乎所有的受访创业辣妈们都面临这个问题）。要建立一个可持续发展的公司，就要学会平衡和分离亲子时间和客户时间。"不然没人可以信任你，指望你。"劳拉说。这种情况下，大多数的创业结果就是昙花一现。

我们看看劳拉是怎么解决这个有挑战性的问题：她严格地制订一个工作计划，并且一丝不苟地实施。她每周安排20个小时在创业指导的工作上，剩下的时间用来陪家人和孩子。每周3天完全扮演妈妈的角色，但是她承认在孩子入睡后，她还是会投入到工作当中。每周二和周四，她会全身心地投入到创业指导工作上去。一吃完早饭，她就带着一瓶水和几袋零食，冲进她的私家办公室，埋头工作。从上午10点到下午3点，她不停地工作，不停地接打电话、帮助客户解决问题、在广播中传递指导信息、回复Twitter上的留言。两个儿子在学校不用操心，劳拉只需雇人照顾她的小女儿。她把工作与生活的界限划分得非常清楚，这也使她获得了成功。

但是不是所有劳拉的客户都能找到这种平衡。很多人不成功的原因是因为她们缺乏商业教育背景，也不愿意开口寻求帮助。这些辣妈们往往拥有很棒的创业点子和创业的热情，但是她们因为缺乏经营诀窍而步履维艰。由于成本太高，创业辣妈们宁愿自学商业笔记、营销学、网页设计、人际资源管理、商业计划学等知识。

创业辣妈们还有精神上的压力：内疚。她们觉得花费了过多的时间在自己的事业上而忽略了孩子们。

劳拉，39岁
辣妈企业家的创始人，拥有创业导师资格证书
安大略，温莎
查理、保罗和伊莉的母亲

你需要的是一个创业计划、一个创业导师和一份市场调查。没有这些助力，你就会走上一条曲折的成功之路，甚至会走上失败的道路。不要盲目自信地以为自己能搞定一切。

我也内疚挣扎了很长时间，最终我认为应该为自己做点事情。每次我走到摊开的工作面前，我都暗示自己：这是我的挚爱，我需要从家人和孩子面前暂时离开一会儿，在心爱的事业海洋里自由地徜徉一会儿。但有的时候确实忍不住回过头纠结着：我应该跟孩子们说会儿西班牙语了，我应该去做意大利面了，还有家务没做呢！最终说服我自己的应该是我希望应该扮演一些除了妈妈之外的角色的这种想法，为了我，毕竟只有一小会儿。

做好妈妈这项本职工作的前提是照顾好你自己。如果你连自己都照顾不好的话，何谈你的孩子们？这对他们来说更是不公平，是变相虐待。我也用了很多年来平衡自己内心的感受，现在感觉从容多了。因为我知道我做的是对的。

## 一个人走在激动人心却又充满艰难险阻的征程上

很多初期的创业者都与世隔绝地工作，家里人往往不能理解他们突如其来的需求。在这种情况下，劳拉在她的客户群中建立了沟通支持网络小组。很多劳拉的客户不能理解，为什么劳拉在工作日连一杯咖啡都

不能随意去买。她是这么解释的，当你与导师一同工作的时候，你的内心世界就会平和很多，不会觉得因为工作委屈了自己。劳拉建议她的客户们都能找到本地的创业导师，如果条件不允许，可以通过这个网络来实现，建立一个创业者的社区。

在明尼苏达州开“妈妈会所”的吉娜就接受了创业导师的建议和帮助，克服了创业成长期的种种痛苦，尤其是当顾客没有她预想的多的时候。跟大多数创业者一样，吉娜开始也觉得自己没有时间找一个创业导师，她觉得自己没问题，而且急于求成。后来她花费了昂贵的学费去学习广告营销学、市场营销等课程。一科一科慢慢地学习后，吉娜发现如果她的“妈妈会所”每天都营业的话能招揽更多的顾客。她之前的定价太高了，这是很多客户拒绝光临的主要原因。尽管被提醒过很多次，一般创业2～3年后才能达到收益平衡，但是吉娜还是期待着六个月就回本。

2009年年初，吉娜的生意走到了低谷。整个夏天，她和她的生意都显得无精打采的，根本没有预想的那么多的顾客来光顾她的生意。最后，她不得不产生了放弃创业的念头。

**吉娜，39岁**

**企业家，拥有“妈妈会所”和瑜伽会所**

**明尼苏达州，钱汉森**

**克莱尔和约翰的妈妈**

我不知道企业家们都是怎样做到的：有一个想法和一腔热情就会把梦想变为现实。可能这其中有精神不正常的因素、冲动的因素，它们让你将感情和金钱系在一起，让你痛不欲生。很难说我到底是怎么做到的。

经过了2009年一整年痛苦的起起伏伏，吉娜终于在2010年春天获得了事业上的成功。但目前的计划跟她原本规划的并不相同。就像维多利亚告诉霍利的一样：有的时候创业者需要尝试一些他们本不以为然的事情。2010年4月，吉娜将店铺招牌更换成“瑜伽美女”，主要提供瑜伽、普拉提、舞蹈等课程。

＊＊＊

创业妈妈跟其他妈妈一样，会遇到同一种挑战：如何在妈妈这个特殊的人生角色下找到适合自己的工作。但创业妈妈在创业期遇到的压力更大，是任何人都不能想象的巨大压力。她们唯一的想法就是怎么让企业一直走下去，不至于沉没在汪洋大海之中。

凯伦，今年35岁。在开始寻找工作与生活的平衡的时候，凯伦感觉快要窒息了。霍利第一次采访凯伦的时候，就被她的上班和家务的工作量吓到了。

凯伦告诉霍利，当她还在怀第一个孩子的时候，她便开始质疑自己的人生，她不甘心就这样做一个家庭主妇。凯伦非常珍惜她童年度过的时光：每晚丰盛的大餐和每到情人节早上餐桌上心型的系了丝带的小蛋糕，所以她也想为她的孩子提供同样的成长环境。

怀孕四个月时，当她的私人医生建议她卧床休息的时候，凯伦还是坚持工作，去完成她网络创业的梦想。

2005年，凯伦规划起了甜心店铺的蓝图。店铺在网络上以定制化礼品为主要经营范围，在特殊的日子为特殊的人提供个性化礼品。凯伦在她的婚礼上展示了“欢迎礼物袋”给往来的宾客们，希望为网店带来商业机会、招揽顾客。

六月份，玛利亚诞生了，凯伦开始面临突如其来的痛苦和挣扎。她在家休息了六个月，在网店和宝宝之间挣扎、徘徊。这些痛苦让她回想起了她念研究生的日子，整个下午的时间她漫步在西雅图的安妮女王城区，俯瞰普吉特海湾，走在街上碰到推婴儿车的妈妈，并想象着自己的未来的样子。她希望成为一个快乐幸福的妈妈。

而当现实到来的时候，一切又不尽如人意。她想回到语言病理学的工作中去，同时继续经营着羽翼未丰的网店。“我希望有自己的生活，我太想去与同事和客户们交流了，我错过的太多了。我很想念以前的生活。”她告诉霍利。

当凯伦回到语言病理学工作中，同时经营着网店时，面临的头一项阻碍就是带孩子。凯伦尝试过请月嫂、请保姆、找兼职看孩子的人，但是还是无济于事。她发现自己在两份事业和孩子之间不断地挣扎着。玛利亚1岁的时候，就已经每周四天上托儿所了。凯伦内心很痛苦，觉得自己做得不够好，她没有能够用心地陪伴在孩子和家人的身边。凯伦觉得自己是失败的母亲，跟自己的母亲比起来差得太远了。

她考虑过放弃事业。

“但我真的太爱我从事的事业了，我真的不想让它从我指间溜走。”凯伦说，“我认为这个点子很好、很特殊，没有别人在做同样的事情。每当我告诉人们我的网店和本职工作时，他们都会赞不绝口，懊恼怎么就想不出这么好的主意来。尤其是我收到顾客们真诚的反馈时，那感觉更满足、更美好了。”

其实，凯伦需要为她的工作和生活找一个平衡点。凯伦找到了创业导师，帮助自己在满足保持工作生活平衡时，尽量减少不必要的工作量。首先，加入自制晚餐膳食计划俱乐部，这样晚饭就不用担心了。其次，凯伦还雇佣了月度房屋清洁人员，从而减少了打扫房屋的工作量。最后，她学会了爱护自己，尽量减少晚上会见客户的次数。

通过反复试验和不断犯错，她学会了用更少的时间和精力做家务，而挤出更多的时间打理她的生意。她调整了网店的广告，取消了十二月的订单，这样她就不会在与女儿欢度圣诞节时遭到蜂拥而至的订单的骚扰了。她准备在圣诞节烤制俄罗斯抹茶蛋糕和自制爱心糖饼干。维多利亚解释道，这类自我调节对于创业女性来说是至关重要的，能让她们真正体会到快乐。她们遇到的挑战都是类似的：工作和事业会将她们与家庭分离。

## 听起来容易，不代表做起来容易

在谈论当今辣妈创业时，不得不提到“妈妈创业博客”。成千上万的妈妈用“妈妈博客”这个方式在网络上寻找在家也能赚钱的机会。这个点子看起来非常简单：建立一个有趣的博客，吸引点击量，进而赚取点击费；或者通过一些广告、赞助商等扩大影响力，获得收益。尽管创建网站很容易，费用也比较低廉，而且写博客听起来也不难，但是通过这种途径赚钱是很难的。绝大多数“妈妈博客”的博主们都没能依靠她们的智慧片语挣到一分钱。

艾米，网络媒体公司的创始人，每年邀请500人以上的妈妈博主在田纳西州的纳什维尔举办会议。她认为网络博客挣不到钱是这个行业未公开的事实。甚至像艾米这样，私人音乐会由“哈利演唱”食品公司赞助的成功博主，也面临过近两年的低迷收益期。她是最著名的博主之一（博客的主题是：“我们都很好！我和家庭都很好！”）尽管拥有超过1万的Twitter粉丝、著名的网络杂志《幸福地生活》(它让艾米成为一个著名的妈妈品牌的合伙人),艾米仍曾经面临过低谷期。

像艾米一样，越来越多的妈妈通过博客找到自己的节奏、自己的天地。通过利用广告销售或者企业赞助，她们自由撰写心得或进行有偿演讲来挣钱。2009年的一项调查研究发现，有23万女性每周在网络上阅读、写作，或在博客上发表评论。逐渐地，博客这个平台有越来越大的影响力，影响着女性的消费观念和购买方向，利润便随之产生了。

艾米的博文曾被《纽约时代周刊》引用过，她在全国巡回参加博客活动。她真正靠博客挣钱是她开始接受在博客上帮一些公司做广告，从而收取一定的费用。2008年，她创造了一个网络推手的概念。

她的想法是：举办一个新网站的网络发布会，提供交流答题环节和各种奖品。她第一次在妈妈市场为公司举办发布会就得到了2000美金的回报。当天晚上，艾米的Twitter上又多了很多粉丝，随之而来的是另外三场商业洽谈。

霍利采访到艾米是在2010年2月的一次商业活动上，那个时候艾米已经操办了150次网络活动了。每周固定最少有三场活动(她的工作内容包括与客户协商活动主题、风格、目的、奖品、人数以及最终组织发布会)。她曾经想过回到从前的教师岗位上去，但是经过了这18个月的积累和经历，她再也不想回到传统的工作模式中去了。

对艾米来说，这是再完美不过的事情了。

**艾米，32岁**

**企业家，妈妈资源媒体的创始人**

**马里兰州，奥尼**

艾玛和诺亚的妈妈

我不能想象，如果没做媒体人，我现在的生活会是怎样的。当孩子们醒来的时候，我可以给他们每天的第一个拥抱，与他们玩闹一会儿。我还可以接送女儿上下学。

社会媒体将妈妈的生活完全地改变了，不仅仅是经济上的变化。另外一点就是我有学历和经历，也到世界很多地方旅行。我渴望做专业的事情，但是同时又希望在家里陪着孩子和家人，并且陪伴家人的愿望更强烈一些。社会媒体填补了空缺，让我同时实现了两个梦想。

我不愿丢掉我目前生活中的每一部分。如果每周让我工作60小时，失去了当家长的乐趣，我会很恼火的。那是因为我觉得现在的生活刚刚好。我在给孩子喂奶或打扫卫生的时候不用担心水池里没洗的碗筷，我有时间去做我想做的事情，其他的都没那么重要了，而且会让我感到束缚。没有那么多时间。

## 想企业人之所想

像艾米一样，贝基也很珍惜在家里的时光。她现在比前几年更从容了。贝基非常爱跟她的孩子们待在一起，白天带着他们去博物馆，看着他们因为好奇而睁大的眼睛。但还是有一些遗憾的，贝基认为她仍不是一个非常称职的家庭主妇。在2003年的圣诞节前夜，贝基从来没怀疑过自己（自嘲）主妇的形象，直到她怀着孕赤着脚又造成一场烹饪灾难之后，她开始重新审视自己。她希望出去工作，做更专业化的事情，但是又不甘心追随别人安排的日程计划。她希望有一个能点燃她热情的项目或者工作，既能满足她的控制欲又有意义。她不想枯燥地走在以前做母亲的生活轨迹上了，贝基需要一些新启发。那会是什么呢？

于是，她开始了皮肤护理和保健公司的分销网络建设。有什么能比销售去角质面膜和面部精华更适合她的吗？这是一个太适合她的业务：低风险、低投资，也不用保留太多存货。而且贝基深深知道受过良好教育的女性市场需要什么。贝基的营销模式很简单：口口相传。她需要做的就是建立一批忠实和充满热情的顾客，然后不断推荐身边的人购买产品。贝基组织家庭派对邀请的大多不是网络营销的朋友，而是有着MBA高学历的女性朋友们。通过口口相传，贝基的生意获得了成功。她开始更有信心地经营她的事业。贝基写了一个计划，推出了她的生意。

做生意比想象的要困难得多。起初，贝基是出于喜欢结识新朋友的理念做事业，但随后事业中出现的各种事情是她以前没有经历过的，没有丝毫的经验可言。她的成功是温和的，从小团队开始，逐渐发展到拥有一个国际化团队以及制造商的庞大组织。不断增长的收益让贝基感受到了创业的回报，但也同时让她有了更大的野心。贝基很享受脱离丈夫皮特的感受。她认为经济的保障是对家庭的保障。

贝基其实从来就不喜欢销售，她只是有能力把它做好而已，所以很多业务方面的压力让她喘不过气来。虽然她具备强大的项目管理能力，但在营销中，她似乎缺乏时间统筹安排的方法。很多情况下，她发现她不得不加大油门儿飞车赶到生意现场。不像其他企业有着严格的流程和准则，贝基认为她要做自己，她的企业要有个性、有她的风格。贝基知道自己想得太多，很多不能实现，但是她无法准确地重新定位。并且，贝基有完美主义倾向：凡事不随她意，或者不够完美，她都会抓狂并失去动力。

相反，朱莉安是三个孩子的母亲，在堪萨斯城的郊区开了一家经营相同内容的公司，获得了巨大的成功。才创业7个月，朱莉安就辞去了从前六位数高薪的配药公司的职位，因为她的企业能为她获取更大的利润。短短几年的时间，创业为她带来的收益已经是在配药公司的两倍以上了，而工作时间则减了一半。

贝基和朱莉安这两个女人有什么不同呢？朱莉安更能以企业人的身份思考问题。她告诉贝基："单凭主观臆断经营公司就等于走在悬崖边上。不管是什么样的企业，身边总有人可以给你提供意见和建议，甚至相反的意见（你这样做是不行的）。这些都是历练心智的一个过程。"

贝基从前只凭借自己的主观臆断经营公司，超越自己舒适范围之外的事情都不会去做。但听从了朱莉安的意见，贝基为她的公司组建了一个董事会，目的是提供意见和建议，打破从前个人行事的随意风格。贝基获得了转变。当贝基第二次与霍利见面时，她们聊得更投机了。两个人立刻聊起了如何平衡事业与生活的话题，之后又聊到了做自己喜欢的事情的重要性。霍利甚至一度想加入贝基的化妆品公司，成为合伙人。

霍利有了新想法：

**发件人：霍利**

**收件人：贝基**

**星期四，8月30日，2007年，上午8:22分**

嗨，贝基，我有一个想法。不知道你对写一本关于女人如何平衡事业与生活的书感不感兴趣？我正打算写一本关于这个话题的书籍，想邀请你作为共同执笔者参与进来。感兴趣吗？

**下午4:23分，贝基回复了邮件：**

非常感兴趣！

GOOD ENOUGH IS THE NEW PERFECT

# 第8章
# 重新思考高风险职业的发展

- 即使工作条件很苛刻，妈妈们也都走上了成功的道路。
- 如果目前的工作单位不适合你，试着换一份新的工作吧。
- 妈妈们（以及准妈妈们）需要为将来做长期的打算。要考虑清楚你所选择的行业和专业领域，是否能够让你成为自己心里期待的那种类型的妈妈。

利比·温莎一直以来都没有梦想自己会成为一名律师——纵使这步更顺理成章，也阻力最小。而事实却是，在肯尼恩学院，当她还是名优秀的艺术史学生并屡次获得奖学金的时候，她的教授就曾力劝她从事艺术史相关的行业。

她也曾经仔细考虑过艺术生涯会是什么样子，她想象过到某所研究院里进行室内装饰的学习，然后开个公司，把自己所学的高深艺术史知识运用于住宅设计。利比从小就在父母的身边长大，他们非常热爱视觉艺术，总是带她去华盛顿的国家美术馆观看所有最新的展览。

在入学前，利比就对维米尔和马蒂斯这两个名字耳熟能详了。她曾经在费城的巴恩斯美术馆实习过，也在大学暑假里去匹兹堡声名赫赫的沃霍尔博物馆实习过。她受到过这么好的教育，也有许多欣赏的人：类似于“那些工作在一战前的衣衫褴褛的巴黎蒙马特艺术家们”，比如莫迪利阿尼、杜鲁兹·罗特列克以及波那尔等人；或是一群既是偶像又是榜样的艺术家们——罗斯科、波洛克、弗兰肯塔尔和克莱恩；还有，她罗列的所有画家当中“最迷人”的两位——杜尚和毕加索。

但是，在本质上利比是个实用主义者，她担心如果追随爱好，从事艺术行业的话，可能不好养活自己和未来的家庭。所以，她选择了另外一个方案：法律学院。

＊＊＊

我们并不是这样的一代女性，把希望寄托于嫁给医生或律师。我们自己就是医生，我们自己就是律师——有些还是工业工程师、牙医、飞行员、财务分析师以及公司的CEO。短短经历了两代人，女性告别了过去那种对从未涉足的工作（比如贝基的祖母渴望的法律工作）只能梦寐以求的年代，到如今近乎半数的高门槛职业学校的学生都是女性。我们工作以及生活中的选择也发生了改变——我们再也不用像以前第二次世界大战后生育高峰时期的女人们那样受折磨而做出悲惨痛心的决定，那时候女人们追求充满挑战性的事业通常表示她还不曾拥有一儿一女。

第二次世界大战后生育高峰时期出生的女性们立志要闯出一片新的天地，她们多年以来在学校表现得很出色，并强势跻身于由男人统治着的受人敬畏的学术队伍当中。我们过去一直渴望着所谓的高学历、头衔、金钱以及名誉。毕竟，我们情愿相信马洛·托马斯，她在歌声里高唱道，妈妈们可以成为任何人物。这一点她自己轻易地做到了，她可以昂首挺胸地在纽约的大街上散步，任由一头乌黑亮丽的长发随风飘逸，慢悠悠地推着婴儿车。

可是并没有一首大合唱告诉我们路途上充满着怎样的挑战。这首歌没告诉我们的是，即使我们齐心合力地打破了无形的障碍，也冲破了职场上对女性的偏见之墙，但仍难免老板们不假思索地认定女性的存在会不自觉地降低员工们整体忠诚度的看法。它也没提及（也许是件好事）我们选择职业时往往会向自己的配偶看齐，大家都是想着往高处爬的。

这个现象在卡琳·莫伊和戴安娜·香迪教授的新著作《玻璃天花板和100小时的夫妻》里有所讨论研究。里面“在忙碌的家庭里”的一章中，她们描述了一对带着多个孩子的精力充沛的父母是如何应对难题的。简单地举个例子，假设遇到如下情况：俩家长（都是普通人）一个在外出差做生意，另一个要在十五分钟内去法庭作证，两个孩子又需要被送到不同的地方去，可是保姆还在路上迟迟未到。在这种情况下两位要如何沉得住气呢？

当我们开始为这本书而家访妈妈们的时候，我们被这些职场女性的故事深深吸引了，尤其是从事过去由男人统治着的行业的这些妈妈们的故事。这其中充满多少坎坷，没有这层深思，故事看起来是不完整的：准确地讲，在业已规定好标准的领域里，一个现代母亲该如何定义她自己的成功呢？如果她的上司看中的是全身心投入地工作，或者认为只有不断努力升职才算是尽善尽美，她该如何打造自己的新完美形象呢？还有，如果说她老公在致力于成为一名称职员工的话，她又该如何处理这一切呢？

## 在男人主导的领域里对女性的期待

我们可不能粉饰已经发现的事实：在高压职场里，当一名妈妈很不容易（不管做得好坏）。对于刚开始当妈妈的人来说，她们期待短期内得到稳定的收入，可是期间白白浪费的不切实际的大量时间却让人窒息。尽管如此，从事这些行业的妈妈们还是投入了相当多的时间在里面——有些甚至负债累累——却迟迟看不到教育投资带来的经济回报。一旦到了当妈妈的时候，不管她们怎么将日程安排得灵活、简短，无论从经济还是工作的角度来看都意义不大了（有几位接受我们采访的妈妈们收入比丈夫还高，其家庭预算必须靠她们在全职工作中所得的薪水才能使收支平衡）。

还有一点，有些难以胜任的职业存在这样一种说法：一旦经过了严格的训练，你就极可能被永远地定位于这份工作了。霍利正是这样回顾她父亲一生的从医生涯的——他到了哪里都是“医生”，四处替朋友出诊，经常接到求医电话，以至于家庭活动都参加不了。在2009年的秋天，那大概是在父亲当了三十一年耳鼻喉外科医生后的退休一年之后，霍利让他谈谈这些年做出的牺牲。

“当一名医生是真正献身于这个行业，而不是仅仅为了得到一份工作，”乔尔这么回答道，“当医生比任何其他职业都需要更勤劳、更诚实。在病人面前，我不能告诉他们我要去看孩子踢球比赛或看孩子参加学校演出而不给他们看病了。在病人面前，我不能对他们说为了赶时间赴宴而缩减看病程序。在病人面前，我不能告诉他们因为支付不起医疗费就不给他们看病了。”

乔尔跨入了医生这一行——可以说是对工作要求最完美的一个领域，工作上的繁忙使得他非常需要一位（通常是妈妈）在家处理家务，照看孩子，应付其他的一切家中琐事，因为当医生的爸爸有一大堆让人目不暇接的安排。1969年，在霍利的爸爸进入医学院的时候，全国入学率中只有9%是女生。那个时候，法律没有规定住院医生的每日工作时长（他们起初被称为“驻院医生”，因为他们被要求驻留在医院）。在1974年的夏天，霍利的妈妈打电话说要分娩的时候，她的爸爸——那时候是一名驻院外科医生——正在赶一例阑尾炎手术。他必须先完成手术，然后才能一头冲向妇产科来探望——就在最后一分钟——他终于赶在霍利出生前到达了！

在霍利慢慢长大的这几年里，经常午夜里响起电话声，紧接着就是父亲“嗖嗖”地打开车库大门的声音，然后匆忙开车去医院，这些对霍利来说都是家常便饭。这些年来，她父亲一直和他的老搭档一起共事——几乎没有空闲的日子，更别提什么假期了。甚至通常是在她睡醒之前，她爸爸就已经走了，就这样“来回巡逻”似的去医院给病人们看病。

利比·温莎想起了童年时类似的经历；她是从小跟着父亲长大的，她的父亲是一名精力充沛的诉讼律师。为了陪伴家人片刻，她的父亲会经常回家里吃晚餐。她和妈妈会躺在睡椅上看《谁才是老板》或者《天才老爹》节目，而她老爸则独自弯着腰趴在远离电视机的桌子上，看着和法律相关的案子，到了晚上的时候他又得折回办公室值班。

利比的父亲告诉她，在20世纪70年代中期，没有电脑可以直接把他每天做法案所花费的时间或所赚的钱打印成日常报表，倘若一名律师要建立起合伙关系，仍需要每年花2000小时替客户诉讼。1975年，当他刚开始涉足法律行业的时候，开设的法律课程班里只有刚刚超过四分之一的学员是女性。兼职法律工作的女性更是寥寥无几，因为这样做几乎是不可能的，正如当医生的情形那样，绝大多数律师是男人，他们需要依靠妻子来打理家事。在法律行业的文化里面，“专心致志”是一种模范品质。

## 有办法把女性和主导职业挂起钩来吗

当第二次世界大战后生育高峰时代的妈妈们标新立异、摩拳擦掌，跃跃欲试地想要冲破男人主导行业的壁垒的时候，她们称得上是真正的先驱者。可是在90年代，当她们的女儿们开始前所未有地追求高学历、高学位时，做专职妈妈与参加工作这两者之间的矛盾不可避免地到来了。这群女性们既在事业上拥有雄心壮志，也想要拥有令人满意的家庭生活，而且她们很愿意在风险较高的领域里去尝试。

当1993年珍·坎特进入医学院的时候，医学院的女学生平均比例已经突飞猛涨到了42%。到了利比·温莎在2000年秋季进入法学院的时候，女性已经占据了将近一半的比例。一批批的女学生们仍然不断地涌进高难度的专业去学习，所修学的课程包含现今课程的大半。她们有进医学院的，有进牙科学院的，也有进法律学院的。2007~2008年，42%的工商管理硕士（MBA）学位证书都颁发给了女性学员，甚至在工程学这样似乎是男生最后能坚守的阵地里，其中20%的学士学位硬是被女性给揽走了。

可是这些女性同时要带着妈妈的身份参加到工作中，她们是如何应对的呢？在工作表现至关重要的行业里，她们有可能达到理想的标准吗？我们想要了解内幕，然后从法律和医药这两个相当广阔，而且众所周知要求非常高的行业里面窥探到了。许多人将这些行业看作是人才济济之地——在至少有五十万的女性医生和律师奋战在这个国度里。在这两个行业里面，适合家庭的新规定即将慢慢出台——这也是为什么法律和医学能够很好地诠释工作中的女性们所遭遇到的不可思议的各种挑战。

我们曾在博客上问过读者们，一位母亲参与到竞争激烈的行业当中时所要面临的最特别的挑战是什么？这个话题引起了来自全国各地的评论。

**梅丽莎，来自弗吉尼亚州西部的摩根镇：**

作为一名当律师的母亲，当法院传唤你时你却没在场的话，可能会判你蔑视法庭而拘留你！

特蕾西，来自马里兰的罗瑞尔：

作为一名当医生的母亲，我遇到过最大的挑战是“意想不到的缺席”。对世界上其他多数行业来讲，如果碰到孩子生病了，你可以打电话请假带他去看病，这么一会儿的工夫里，世界没了你照样转动。可作为一名医生，我要是请病假的话，那意味着将有二十五个病人没人照料。我的同事们则要在百忙之中额外地挑起我放下来的担子。多让人内疚啊！每一个在职妈妈都有同事和信赖她们的顾客，然而并不是每一个在职妈妈在她请病假时都会惹出大麻烦。

萨拉，来自菲尼克斯：

作为一名当律师的母亲，我发现更为重大的一个挑战就是我不能谈论我所做的。我认为很多职业有高度的机密性，可是医生和律师妈妈们一旦讨论起来她们所做的，往往会产生严重的后果。我们承受打击、接受挫败，却经常得不到释放。

这真是一种害人不浅的身份结合——由于担心惹出大事而累积出挫败感、孤立感以及内疚感——这可能解释了为什么很多女性在这场赛跑中半途而废。

在一次针对大型法律事务所的全国调查中，参加初级联合课程的女性占46%，但是到了最后，只有16%的女性们留在了大型事务所，还有15%去了500强企业里做法律顾问。同样，在医学这一领域，女性一开始势头很猛(45%的主治医师是女性)，但是她们不太可能会选择那些更有声望（收入也丰厚）的外科领域。在2009年的一项外科驻院医师调查里面，不到13%的女性选择了整形外科和胸外科，选择神经外科的女性比例也是不到12%。

有好多种角度可以来理解这些数据。有的人推测说，女性在这些行业里达不到巅峰，是因为她们还无法闯入到男孩们的俱乐部当中来，或者因为女性进入到这些行业的时候，没有太多考虑最终将如何协调工作和家庭生活的关系，一旦工作上遇到困境的话，就会像个怨妇一样，将手中的毛巾丢掉。

但是还存在另外一种可能性，这种可能性是在我们研究过程的一次次采访中偶然出现的。在许多例子当中，从事这些行业的女性们其实是选择了对成功的重新定义，她们宁愿拿金钱和声望来换取一种能让自己体会到母性优越之处的生活方式。受访的大多数妈妈们表示，这些改变可不是妥协或者是所谓的“妈咪路线”；她们从中找到了最大的激情和骄傲之源，并懂得如何守护它们，即使她们并没有选择通向传统意义上的成功的最快捷的道路。这些女性的经历给所有奋斗在工作岗位上的妈妈们上了一课，她们展示出尽管选择了竞争激烈的行业也可以达到一种新的完美境界。

## 痛苦的挣扎：在寸金寸光阴中寻求平衡

在利比·温莎接受我们调查的时候，她是这么描述她如何处理工作和家庭事务的：“不管是在工作上还是在家里，我都很努力，想做得最出色，尽管这有时让我疲于奔命。”在波士顿大学法律学院，她也确实是个明星，尽管她一直都挺抱怨那段经历的。她的父亲把法律工作做得貌似很轻松（“就像许多好的父母一样”，她补充道），但是利比可能永远忘不了她在匹兹堡大学法律学院三年学习时光里留下的故事。还不如越南战争的时候当海军呢，她经常这么开玩笑地说。

不过在利比进入法律学院之后，她很快就爱上了这种充满竞争的教学方式——尤其是以自己擅长的这种客观方式获得满足感。事实上，即使在十年以后，利比还清晰地记得当她打开学院注册主管办公室里那厚厚的黑色活页夹时，亲眼看到自己排在第一位的那份成就感。

她喜欢解决问题，喜欢掌握事实真相，喜欢运用所学的法律知识帮助委托人打官司，这些都很自然地使她在雇佣法方面锻炼得十分熟练老道。利比从来就不喜欢干死板的、让人厌烦的工作——她想要天天保持头脑活跃。她在一家声名卓著的国际法律公司从事与雇佣法相关的工作，周围的一切都在时时发生着变化。她喜欢课堂模拟中那些诉讼案件中的“民众故事”；她能够毫不厌烦地熟读家庭与医疗假期法案中的条例，因为她觉得学习这些知识是对建构自己法律专业知识宝库的投资。

可是这并不意味着利比的转变是件轻松的事情。早些时候，她也迷茫于如何把学术知识应用到实际问题的解决当中——这个问题太普遍了，苏珊·卡蒂埃·莱贝尔也如此承认。她是一名律师，是个人法律事务的专家，已经和新实习生们在一块儿打交道十年以上。苏珊认为除非学校提供更多的实际技能训练，这个问题才会慢慢消失（“你能想象到在医学院学习却从来没碰过尸体吗？法律学院也需要提供类似相应的实践”，她这么和霍利说）。怪不得会有那么多律师感到不满：2008年的一项调查发现，72%的律师在五年内离开了自己的初级职位。

当你考虑到站在这前途未卜的起跑点（法学院毕业时的年纪——通常来讲是平均26岁）的人还是位母亲的话，你就不会奇怪为什么尽管有将近半数的法学院学生是女性，却只有一小部分人才能攀登到这个行业中的最高层了。女性成为律师事务所合伙人身份的比例在过去十年里只增加了四个百分点——而且女性始终没有突破20%这个大关。如果保持这种势头的话，要到2086年男女之间才能在律师事务所合伙制中占据同等的份额。

这个预言并不怎么激动人心。

这正是为什么四十二岁的黛比·艾坡斯坦·亨利花了十多年的时间试图改变法律界里这种狭隘守旧文化的原因——而且在2009年3月份，当霍利第一次采访她的时候，黛比显然没有打算要停下来。黛比一直倡导法律行业里的女性们要不断提升自我和持之以恒，作为首位倡导者，她在1999年创办了“法律自由工作者之家”，该组织是为了支持那些在工作岗位上的律师妈妈们。几年过去了，黛比的组织也得到了发展，慢慢地成为了那部分虽正在壮大却经常被剥夺权利的弱势群体的代言人——即那些没法适应这种痛苦权衡的在职妈妈们。在2010年秋季，美国律师协会出版了黛比的第一本书：《法律与新秩序：法律行业中平衡工作和生活、留职、晋升以及重构的解决途径》。

从黛比的出发点来看，好消息还是存在的：如今的在职父母需要的是更为灵活的选择，吸引人们关注的是，他们是第一代绕开“职业跑道上的死胡同”的人，而这对于以前那些只想全职上班的律师们而言是唯一的选择。这个结论是在围绕“自由律师/在职妈妈”的一项调查中得到的，这项调查的对象是最优秀的法律事务所，几乎所有顶尖的事务所都允许其律师发展为股权合伙人（最高层），同时工作时长可以缩短。这在当时算是一大进步，霍利在90年代末期开始律师生涯的时候，听都没听说过这种现象。

然而问题来了：从相关的数据来看，事情并非如此。当黛比留意了一下这些顶尖事务所以及它们在2004~2008年的升职率的时候，她发现，那时候缩短了工作时间的女性股份合伙人所占比例少得惊人：每家事务所平均两位女性——且不说这还是“对女性来讲最好的律师事务所”。

那么，为什么大型律师事务所就意识不到它们坚持传统做法会流失一些杰出的人才呢？首先要说的是，缩短上班时间并没有结合到大型律师事务所当前的实际状况——考虑下这些律师们赚取钞票的速度吧（很多起薪是每小时200美元），客户们当然希望律师们可以随叫随到（或者说这是一个普遍的观念）。这也说明了为什么许多律师不把兼职作为一个切合实际的选择。在2009年的时候全国不到6%的律师工作时长得到了缩减，你也不会感到奇怪的是，大多数（大概73%）是女性。而且，女性律师也多次向我们表达了对工时缩短的巨大担忧，她们担心不被看好，因为男性律师有类似要求的人实在很少。

再者，法律行业始终保持着固有的传统。律师们很尊重传统——毕竟，要打赢一场官司，最简单的办法就是让主审法官相信其他多数法官在这个问题上面也会做出同样的判决。还有，现今在很多法律规章下建立起来的价值评估机制——在过去六十年以来根深蒂固的、万能的按时计价制度——不仅缺乏效率，而且格外地浪费时间，要知道时间正是在职妈妈们所缺少的东西（你可知道，律师事务所经常把律师们喻为“计时员”吗）。

抛开以上这些不谈，因特网和手机业务的技术使得律师能够随时被“召唤”，这无疑干扰了他们的家庭生活。我们采访过的几位女性律师都提到了“绑架”这个字眼儿，也对时下能够显示哪位律师何时可联系等这类信息的网络技术感到悲哀。

朱迪·克里莎特尔，42岁

代理律师，加利福尼亚州司法部

加利福尼亚州，圣地亚哥

安妮卡和约瑟尔的妈妈

作为一名律师，平衡好局面是件比较棘手的事情，因为你也知道做我们这行工作负担很重，而且打官司历来要能够很好地应付各种危机。很奇怪的是，这一切由于我是名离异的单身妈妈而多多少少变得容易了些，因为这样一来每周当中有好几个晚上女儿们都会留在她们爸爸的家里。在那些晚上，如果需要的话，我会留在办公室加班以完成马拉松式的工作。

我认为律师事务所里的职场女性面临的最大挑战，实际上是来自于与她们共事的男同事——他们大多数没有同样的份外责任。即使在一些“先进的”律师事务所，一般的情况是这样的：对于几乎所有的男性股东以及令人惊讶的多数男同事来说，他们的妻子不上班或者是在外面做兼职。这意味着标准的工作安排是预期给那些能够把所有醒着的时间都花在工作上的人的。更让人气急败坏的是，即使一个带着孩子的母亲投入了和男性同样多的时间在工作上面，她对事务所的忠诚度还是永远不能得到同样的认可，就因为她是位妈妈。还有，你最好相信我，他们男人会大声地叫喊着这些是对的。那里压根儿就不是男女平等的领域，而且，让人在精神上感到疲倦不堪。

* * *

那么对于女律师来说，哪儿才是好去处呢？虽然最大的这些律师事务所并不是保障长期高品质生活的最佳场所，黛比·艾坡斯坦·亨利还是揭秘了一些未来看似前景不错的新潮流。

首先，在大型律师事务所还存在一丝希望，按时付薪的模式要被部分取缔了，取而代之的是看重实际效率的酬金制度。尽管没有一家大型事务所完全抛弃了按时付薪制度，但还是有几家正商议着找到不仅仅依靠这种方式的解决办法。黛比在书中指出这样的事务所对于在职妈妈来讲更值得一搏，“她们一直以来就没能通过竞争赢了男律师”。

更让人看好的是，新的付酬制度适用于家庭模式的律师事务所。由于缺少经费，这些事务所更注重适时地完成高质量的工作——这对于委托人和高效率的律师妈妈可谓是双赢。“这种实效的事务所最大的好处在于它没有在家工作的那种顾虑，”黛比告诉霍利说，“它是商业模式的一种新形态——不用再担忧律师是否忠于事务所。所有的人都在做着同样的事情。”

黛比注意到，有一些更为传统的“选择余地”——政府以及组织机构内部的法律顾问、非营利机构以及学术界——仍然受到这些妈妈们的青睐。这些地方给她们提供了充分运用自身学识的机会，而不至于让她们把全部精力都献给无尽的工作。

最后，还有一种大胆的独闯路线——正是丹妮尔·艾斯（第4章提到了这位律师，她曾困惑于是否要换掉这个少女气质的名字）选择的路线。丹妮尔是一个三岁孩子的母亲，专门在一家地处波士顿郊区的家庭型事务所工作。当她最小的儿子还是婴儿的时候，她便经常忙着起草财产分配文件，同时胸前吊着熟睡的女儿。对于丹妮尔来说，想要建立自己的律师事务所绝非易事，所以这正是适合她的选择。

“我选择自己独干是为了适应我的生活，”她在2010年春季的时候这样和霍利说道，“真是地狱般的折磨，我没打算撒谎，这是真的，可是我始终认为这些牺牲（比如说熬夜开会、吃不上晚餐、疲劳等）最终都是值得的，至少在孩子们还很幼小的时候，是我一直陪伴着他们。”

真的是天无绝人之路——选择了这种生活方式的话，在这个时候会给女人带来一生最幸福的时光——值得在职妈妈考虑。

**苏珊·卡蒂尔·莱贝尔，50岁**
**代理律师，个体律师事务所的首位创办者**
**康涅狄格州，新天堂县**
**一个儿子的母亲**

这些女性需要做的是沿着这条道路走下去，五年、十年、十五年……做些日志好让自己看清什么才意味着成功。她们一开始需要退后几步，从自身以及职业的角度来看看要达成目的需要经过哪些努力。选择不在于对与错，重要的在于是不是她们想要的，如果是的话，她们还需要制订和这些价值取向紧密相关的全盘计划。

你需要把对自己和工作的计划一个个罗列出来，统筹兼顾，看看它们和你的时间是否协调。一旦你的职业开始有了起色，并且你开始完成了一些个人目标的话，压力就会渐渐消失了。

## 呼吁妈妈们：生命诚可贵，知足常乐

我们的研究发现，医生和律师之间存在很大的差别——比如说工作安排，给在职妈妈们提供的住宿条件，以及整体满意度方面。差别最大之处在于对缩短工作时长的接受能力：律师们总在唠叨如果做兼职工作的话，就不会被当回事儿；而对医生来说，大部分人都没有这种担忧（全国性的统计表明，跟任何其他行业相比，包括医生在内，律师是最没办法接受兼职上班的一个行业）。

根据调查的一些反馈及相关采访，我们认为，医疗这个领域具有更多的可平衡性，因为这个行业已经发展到了没有人会觉得缩短工作时间有什么不好。一项全新的调查结果显示，将近65%被调查的在职律师妈妈是做全职工作的；有几位则声称做律师这一行唯有这样安排才干得下去。相比较来说，只有稍过半数的医生说自己是被安排为全职工作的，比起同样情形的律师们，她们更倾向于认为自己的工作是“灵活自由”的。

但这并不是说她们就生活得无忧无虑。当我们在博客上围绕着“高压职场工作会遇到哪些挑战”这个话题展开讨论的时候，当医生的妈妈们便开始一发不可收拾地倒苦水了。

**杰米，来自格鲁吉亚的道格拉斯：**

在当今的社会，我发现人们一定觉得当医生（尤其是他们小孩的医生）就应当随叫随到——无论任何时候都应当是这样的！事实上我遇到过病人愤愤地离开我的医务室的情况，因为我那会儿忙着照看自己生病的孩子而没去值班！

**米歇尔，来自肯塔基州的列克星敦市：**

今天下午的时候，我两岁的女儿生病了，呕吐、腹泻，还发烧了。她的样子看上去好可怜，让人心疼。然而我照样得去上班，从早上八点一刻到下午四点半，我都被安排得死死的，一直在负责做体检。

由于我压根儿没办法重新排定日程，以至于我的许多病人——我很确定有些儿童病人的父母为了赴约来看病，而更改了他们自己的工作计划。我热爱当一名儿科医生，但你知道吗，我更爱我的孩子们。如果可以重新让我选择的话，我宁愿从事别的行业。我相信如果自己找一份有更多灵活性的工作，也能挣到一样多的钱，对这点我从没有质疑过。等到我的孩子们规划职业生涯的时候，我会告诉他们这些道理的。

霍利的五个最要好的高中同学里面有四个是医生，所以她在过去的十年里见证了她们是如何渡过硕士学位难关的。现在这四个同学都是当医生的母亲了（加起来她们总共有九个小孩），尽管和律师以及其他职业的人士比起来她们的故事另有一番情节，但她们却都面临着许多相同的工作和生活方面的压力。第一个难关就是：妇科医生在培训上面投入了这么多年的时间，而她们自己什么时候当妈妈却还是个疑问。即使那些从大学直接跳级到医学院的女妇科医生，等完成了高级住院医生实习期之后也到了三十五岁左右了。到了想有个家庭的时候也是很多人打算离职的时候了（霍利的这几位朋友中只有一人在住院实习之前生了小孩，其他几位都是三十岁之后才当上妈妈的）。

工作需求也是一大压力——可能这是为什么很多女性无法跻身于最具威望却最没有灵活性的全职岗位，例如外科医生。最近对驻院医生的一项分析报告发现，其中只有略低于三分之一为女性——这是报道过的最高数字了。尽管霍利的朋友们先前所追求的定位从来不低于“最好”（她们都是学院的佼佼者），可是即将当妈妈这个现实改变了一切。虽然外科医生这行给人带来的名誉和金钱是最多的，但霍利的几位朋友当中只有一位名字叫珍妮的选择了这条路——在当时，因为知道要成为产科医师的话，她的生活会变得无法预料。珍妮选择了生殖内分泌科，参加了更高级的培训，这样一来她便能拥有更利于家庭生活的工作方式了。其他几位则选择了生活节奏更为平稳的医疗领域——儿科、全科和学术医学这些领域。

来自洛杉矶的心理学家里基·班德二十多年来一直在给女性医生们以及其他的职场女性提供咨询，她告诉霍利，在医疗领域还有一个挑战："医生的白衣天使身份"。当医生用药治疗和安慰他人的时候，经常被视为英雄或者救世主。这种高尚的抱负与女性寻求平衡规律的生活却是南辕北辙——如果你是英雄，那么就会注定被安排为要完成某些任务的不二人选。

"别人寄予的期望很高，生活也像赌博一样难以预料。要记住自己的底线，医生并不是神，而是普通人——也是要为人父母的——他们也需要索取想要的东西。"里基告诉霍利说。令她觉得奇怪的是，咨询过她的这些女性尽管一般都是些特立独行的能干的人，却经常对待工作迟疑不定，她们没有要求过工作的灵活性，以至于没能使工作方式很好地适应家庭生活。

如此看来，医生行业的文化在过去的二十年里一直在改变。里基认为这种变化是妈妈们所乐见的。女性更善于明晓自己的期望，也知道该如何重新设定边界。尤其是颇具创新性的医生们通过磨炼特殊的技能或是走上企业化的路线（珍·坎特，是个保护受虐儿童的儿科医生，她把这两条路都走了），使得自己成为必不可少之人，很多人选择做相对新兴的"驻院医生"工作，或者从传统的专业里面选择更适合做兼职的领域。

＊＊＊

医院的医药改革——这涉及那些只在医院环境中工作的医生们——是个新生事物，它给那些有志于追寻更平衡的生活的医生们创造了机会。这里主要有两条途径："社区医生"模式，按照固定的日程安排给住院病人看病；或者是"学术派路线"，医生们效力于医院某个专科小组，出诊上班时间更少，负责灵活性更强的学术工作。

固定的工作时间这一点吸引斯蒂芬妮·沃尔什选择了社区医生这条道路，她是亚特兰大的一名儿科医师，有个三岁的孩子。斯蒂芬妮工作于亚特兰大儿童医院的幼儿保健科，她全年有四分之三的时间在照顾住院病人——每周三天另加每年的九个周末。工作紧张有序地进行着，这点燃了她对医学的激情。她给生病的孩子们提供医护服务。但是因为她的日程早就做好了安排，所以她能够很好地兼顾自己孩子的活动安排。"如果我得知库娜在10月15日有一次户外旅游的话，我就可以在10月15日请一天假。"她说。

阿帕纳·芬戴齐是旧金山的一位四十岁的学院派医生，她认为自己从事的这一行提供了如此多的选择，理当是女性们"众望所归的受欢迎的职业"。在2002年阿帕纳来到医院的医疗小组的时候，她还带着两个小女儿，那时候团队里大概有四分之一的成员是女性。现在，60%左右的新雇员工都是女性了（"大多数处于育儿期的年龄，"她补充道），大多数人选择来这里工作的原因是它更具有灵活性。阿帕纳还提到了她在职期间享受到的其他几点好处：如今小组每年计划至少让一名医生休产假，这样，其他的医生们在新来的医生妈妈休养的时候就不用额外轮流换班了（在正规的政策出台前，"非正式的妈妈联盟"应当按自己的需要申请）。医疗小组中的女性成员们会积极地开导新来的某些员工，建议她们不要抵触在职妈妈们“工作高效率，我赶着回家”的这种态度。

**阿帕纳·芬戴齐，40岁**
**学院派“驻院”内科医师**
**加利福尼亚州，旧金山**
**安艾雅和妮卡的母亲**

一位带队领导教会了我一件我从没考虑过的事情。他和我讲为什么做工作最有效率的是有孩子的母亲——她们工作完成得很好，十分让人信任。可是我们做女人的，有时候很努力地节约时间，以至于都不想“浪费时间”在午餐时闲聊和瞎逛。然而如果你非得要做个有敏锐观察力的领导，这种行为可能会让你伤心。他建议我时不时多参加“人际式午餐”，和大家多交流；他说花一杯水凉下来的工夫来谈话会带来很大不同，值得引起重视。

阿帕纳在日后长期的工作里牢记了这个建议——她在医院每周大约工作五十个小时，每天在孩子们起床之前就坐在了电脑面前。她经常熬夜写文章或者回复邮件。然而工作的灵活性对她来说确实很重要。她能到幼儿园陪女儿们跳跳舞、讲讲故事，也从来没耽误过儿科医师的家访，即使她雇了一位全职保姆。她在努力拼搏工作的同时，晓得如何收放自如地回归到家庭生活。

“我必须提醒自己，我的职业生涯可以一步一步来，”阿帕纳告诉霍利说，“就像每个女人一样，我必须找到自己人生中真正的北斗星在何方，把它当作始终如一的试金石，认真思考该如何到达那里。你不必非得走弯路——道路是宽广的，你也可以找到别的到达的办法，这样你的目标仍然可以实现。”

## 知足者们是如何把握的

但这并不意味着通往幸福的道路上就不用付出。艾莉森·高德特是费城郊外的一名儿科医生，她在从医生涯中早早就慎重地决定了以女儿们为中心——尽管当时做出这个决定很痛苦。她的大女儿是在她驻院实习期间的最后一年出生的，那时候她的“绝大部分时间是属于医院的”。由于在镇上没有自己的家，全天候的护理似乎是唯一的选择了。艾莉森不忍心在晚上吵醒她新出生的婴儿，而作为一名儿科医生，她不放心按照其他在职妈妈们推荐的办法照料孩子（“我不会让我的孩子晚睡来适应我的日程安排，我知道这样对她不好”）。所以等她驻院实习结束之后，艾莉森就牺牲了上班的薪水，也放弃了加入团队工作的一条捷径。

艾莉森考虑过到外科去，但是她清楚地记得有一回医院换班时，有一位女外科医师面容显得很憔悴。那位主治医师说得很坦白：“如果你想要有个家，千万别进外科。”她是这么建议艾莉森的。

艾莉森听了她的建议。在霍利第一次采访她的时候，她正在一家全部由女性组成的儿童诊所工作，这里安排她每周两天给病人看病（她雇了一名保姆在家照顾孩子，并在她不在时干点家务活）。

“在过去的五年里，我每个礼拜有五天都待在家里，”她说，“我把自己称为在家兼职的妈妈、在外兼职的儿科医师。”

工作方面的牺牲——钱赚得少，没法持久地照看病人，相比全职工作赢取更少的名望——很多时候看起来是值得的。可是，因为她只是兼职工作，而她的丈夫做的是保险业务，在外工作的时间更长。于是艾莉森承担了家中几乎所有的琐事以及和小孩相关的差事。让我吃惊的是，她说感觉自己在外的辛勤付出被低估了。

“尽管我在舞池中也有自己的娱乐生活，但我仍然是一名儿科医师，我觉得自己总是得不到本该有的认可。”她说，“有些时候，兼职工作反而更累，因为一方面你想要在职场里走得更远，可另一方面你得承担起家中的很多责任。很显然我被这两者搅得一塌糊涂了，不过最终我肯定了一点：虽然集中精力干全职工作显得更省事，但那样并不能让我满足，毕竟孩子们一生中只有一次童年。”

到了2009年的秋天，艾莉森开始将日程增加到了每周三个工作日，留下两个下午陪女儿们。虽然她心里希望自己的日程安排可以一直这样简化，然而她明白再不投入更多的时间在工作上面的话，她将无法进入团队合作。不过现在她做出这样的牺牲在感觉上不一样了，因为她的女儿们如今变得更加独立了。

“现在两个女儿整天都在学校，结合我们的上班时间来看的话，我每天只耽误和她们在一起的一个小时的时间。”她说道。

如今要计划着至少让保姆在她兼职的时候来家里，也要计划着不上班的时候处理好琐碎的家务活，艾莉森对自己努力做出的调整感觉不错——但也谈不上完美。

* * *

在2009年的秋季，利比·温莎和霍利一样正朝着共同的规划生涯努力。她说过，尽管在她的事务所里高层职员会接到很多的按时付薪的工作需求，但她还是非常坚定地要重返到全职律师的工作中，那时候她的第二个儿子刚刚出生。甚至早在二十出头的时候，她就清楚自己想要成为一名从事一流工作的母亲；她就是不知道怎样才能做到。当她怀着第一个小孩的时候（工作三年时她听了一位女性专家的意见），危机加剧了。她是否应该选择兼职的工作呢？她的爸爸是一家大型国际法律事务所早期的管理人员之一，他建议利比生了儿子之后再回到全职工作中，这样的话才能兑现她在事业上的承诺。于是，在2006年威尔出生后，她获得了四个月的标准休假。可是她惊奇地发现自己忍不住想回去工作，这一想法甚至在假期结束之前就有了。是什么原因呢？当她带着孩子出去玩，试图向新相识的人解释为何自己没在工作时，那人却不再接着问她工作方面的事情了。多年来她一直努力证明自己是个雷厉风行的诉讼律师，如今抱着个小孩在怀中，让她感觉自己掉价了。她期盼着早日杀回职场，在那儿她能够重新找回那份成就感，并且会为自身日益增长的雇佣法方面的才华而感到自豪。

威尔出生后，利比在家请了一个全职保姆，她很快就发现回到全职工作状态要比想象中容易得多。她的第二个孩子安德鲁在2009年3月出生后，她又告诉霍利——抱着很坚定的决心——她为什么计划在生第二个儿子的休假结束后就要重返全职工作。

但是这时候麻烦找上门了，一度让利比的婚姻变得非常紧张。与此同时，威尔的焦躁和两个孩子同时给她的压力把她折磨得疲惫不堪，她不得不考虑只做80%的工作任务。

“我觉得像是自己骗取了安德鲁什么东西一样，让他再也拿不回来了。”她对霍利这么说道。

她能够应付好的，只要不断提醒自己“这只是暂时的情况”，尽管她坦承过她答应自己要重塑自我，这是她永不知足心态的一种转移。利比绝大部分的自信、自尊都是来自于出色地完成工作，这个决定肯定带来了痛苦、烦恼——以及些许解脱。

“这是一种可怕的失落感，就像被击败了，举起双手投降一样，”做出重新再来的决定后，她就这样告诉霍利，“但在我内心里，我清楚这是正确的做法，尽管我错愕地为此伤心万分。但是我精神上受益了——觉得就像是打开了宣泄的大门，压力得到了释放。”

几个月以后，利比已经习惯了这种日程安排了。20%的薪水损失可不好受——以前不用担心的奢侈品现在要费神多了（每周请人清洁卫生，从汉娜·安德森的店里给儿子们买25美元一件的高领毛衣）。然而重新找到的自由对她意味着更多。

她发现自己喜欢每天早晨送儿子去幼儿园，因为压力减少了，她可以把更多的精力放在孩子和她的婚姻上。利比如今每个周五的下午都把时间用在自己身上，而不是去上几个小时的班。她一个人去采购食品、杂货（在她工作安排调整之前，家里经常是缺少这些的），来一个长跑，做一个发型……用她的话来讲，这让她感觉“很奢侈”。

“我认为值得这么做，我打心里这么觉得。我都已经放弃了这么多钱，再不做这些来平衡下，我想我会为此懊恼的。而现在我并没有生气，这么做减轻了不少压力，我觉得很好。”

“事实上是这么个道理，高压职场里的在职女性和其他的妈妈们有着很多的共同之处。”里基·班德这么说道，她是一名来自加利福尼亚州的心理学家，她和霍利讲过她二十年来和驻院内科医生一起工作生活的故事。根据里基的观点，我们应该认识到，做出决定往往存在各种风险，也因此会导致一系列结果的出现，重要的是做出选择后不断朝着幸福的方向努力。

里基·班德，博士，57岁

高管及医疗工作者的注册心理学家和辅导员

加利福尼亚州，旧金山

最近和两位女主管在一块儿吃早餐时，听她们抱怨说总有很多的事情要做，忙碌到了崩溃的边缘——医生们也时常这样抱怨。

我是这么和她们说的："想想看，虽然你不断告诉自己说所做的还不够，可是你不觉得自己还能做更多的事了。所以呢，相对来说，你不认为自己所做的真的足够了，你总觉得自己能做更多的事情。"要想感觉良好，除非你做到这么想："我做得已经够好的了。"

这就是真理，不管当妈妈的你从事着何种职业，要想打造属于自己的全新完美生活，你应该在通往幸福之路上播下希望的种子，除掉沿途挡道的杂草，最终创造出属于你自己的美丽花园。

GOOD ENOUGH IS THE NEW PERFECT

# 第9章 计划赶不上变化

- 当你遇到危机的时候，试着寻求别人的帮助。你需要别人的帮助，这也让别人因为自己有能力帮到你而感到高兴。
- 当遇到麻烦时，搞清楚事情的轻重缓急尤为重要。但是最好别等到危机来临时，才发现生活中什么对你最重要。
- 母亲们比她们自己想象的还要坚强；她们也不得不坚强。

2005年的春天，在约翰起身前往北卡莱罗纳州的时候，他感觉身体不舒服，不过他并不是那种会因一个小小的感冒而妨碍工作的人。霍利当时也没想那么多，她只给他买了些感冒药，然后开车送他到机场，之后便坐下来看《蓝色斑点狗》——一旁还有看得入迷的基甸和刚满六个月的胖乎乎的亨利。

约翰到了达勒姆之后，为他最新的书进行了几次采访，然后复印了几箱的法案文件拉回家里。他的感冒更加严重了，于是吃了几颗药丸。在回来的路上，经过杜勒斯机场中途逗留时，约翰在电话里和他的老板因一些事争论了起来。

他挂掉电话的时候，只觉得房间里慢慢变暗，他的视野慢慢缩小成针孔大小。约翰意识到自己心跳厉害得像锤子敲一样。

"天哪，我到底是怎么了？"他不知所措。

可是随即这种奇怪的感觉消失了，正像它突然发生一样迅速消失，然后他又可以看清四周了。机组人员准备登机飞往匹兹堡了。约翰努力地让自己站起来，他的衬衣被一身的冷汗浸湿了，可是他不想以躺在这远离家乡的医院病床上这种方式告终。

约翰试着不去想这些；在一起开车回摩根敦的路上，在和霍利聊天的时候，他甚至都没有提起过这件事情。

这之后的一年里，他的心脏总无缘无故地出现毛病，没有人知道病因，后来又好了。他第一次被送进急诊室是发生在杜勒斯事件过去还不到一周之后，医生们诊断的结果是起因不明的心房纤维性颤动——没有生命威胁，实际上不用担心什么。他们给约翰做了轻微而温和的药物治疗，那个夏天平静地过去了。在一月份，当约翰再次感到异常时，他的身体在接下来的三十天里被接上了可移动的监听装备。当霍利看到约翰的胸口接着监听器的接线头时，她只觉眼前一黑。监听器曾记录过他更为严重的心跳过快现象，但考虑到约翰其余时候都处于健康状况，这种情况就没进行处理。春天再次来临的时候，霍利带约翰到匹兹堡进行一项高科技的心脏扫描。当听到放射科人员说情况看起来很好的时候，她喜极而泣。

可事情没有那么乐观，有时候心悸剧烈得让约翰汗流浃背，有时候甚至会牙齿疼痛。就在七月份基甸迎来第四个生日聚会之前，约翰到外面的草地割草时，期间还需要不停地坐下来休息。

他大喊着问霍利："为什么会这样？"霍利从他黯淡的蓝眼睛里看到了前所未有的恐惧。

"你那个时间段在那样的天气下待着肯定不行，外面太炎热了，"她握住约翰的双手，很肯定地这么说，"还记得医生说过你的情况根本就不会有生命危险吗？"

可是，第二个月，这些话被证明是错的。在那一整天，霍利的脑海里一直浮现着这个画面；这是她一生中遇到的最让人恐惧的时刻。约翰那时候正在西弗吉尼亚州立大学的学生娱乐中心，笑着和壁球场里面的男孩们一起互相追逐奔跑。她向别处瞭望了一会儿，然后透过玻璃门看到约翰一边喊着她的名字一边跑过来了。随即，他倒在地上，嘴唇发紫。

就这样，她三十六岁的丈夫停止了心跳。

霍利尖叫着喊人救命，抱起小孩往外跑。在球场外面碰巧有位医生，于是她把丈夫交给了医生处理，她自己则艰难地启动了汽车，将孩子们送到了体育馆的儿童护理中心，然后跑到垃圾桶旁开始呕吐。等到她赶回来的时候，急诊室的工作人员已经到达了，电击桨已经就绪。医务人员试图通过电击约翰的心脏来唤醒他。几次努力后，他们急救成功了。

接下来的六个礼拜过得像噩梦一般，只剩下一片模糊的记忆。这期间霍利打了无数次911电话，两次为了抢救生命而飞行，辗转三所城市住院治疗。约翰还活着，不过霍利却几乎处于崩溃的边缘了，不，她已经处于崩溃状态了。

一个人孤零零地站在医院的小教堂，她只祈祷一件东西：坚强的力量。

* * *

显然，这些都是霍利计划之外的，她更没想到自己会被错乱的生活打击得眼冒金星，她只是努力想办法做好所有的事情。在约翰的身体出状况之前，霍利已经深谙只要付出足够的努力，什么障碍都能够克服的道理。她甚至能够在工作和家庭的双重困境中游刃有余，这点让她的许多朋友和同事都感到困惑。她辞职离开律师事务所，不惜用高薪水来换取更多和孩子们在一起的时间，然后找了一份更中意的工作，在学术界有了立足之地。每次当她停下来思考，意识到事情进展得比期望中的还顺利的时候，她心里总是充满感恩之情。说起来真的让人感到惊奇：她和约翰都是大学里的老师，在同一个镇子里过着正常时间上下班的生活。

她比以前更快乐了。她期待着去工作（首要的），当她在教别人或者和法律专业的学生们开会时，她的小孩们都会由那些尊敬她的学生们在她家照顾，对此她十分感激。

霍利骨子里并不十分相信自己会有好运。在她内心深处总是担忧命运的天平是否太过于向她倾斜了，她总在迟疑自己的命运是不是太好了点。但是她从来没想到这种事情会说来就来，约翰没有想到，她也没想到。

霍利从来没见过什么事情是处理不好的或者是没法解释清楚的。然而在约翰身体刚刚出现状况的那几天里，上帝才知道她彻夜不眠地上网，试图知道第二天早上心脏病学家过来的时候她可以问些什么。

可是，霍利查不明到底是什么侵蚀了约翰的心脏，是什么使他的心跳频率变得如此异常，以至于不堪一击——事实上也是如此，就连克利夫兰市医院的国内最有经验的心脏病专家也不能解释这一切。

命运使得她的所有完美计划都搁浅了。

几乎两个月以来，霍利把她的所有事情——照看孩子、房子、宠物和工作上的安排——都交给了家人、朋友和同事们。完美已经不是她能选择的了——坦白地说，也不见得有多好。

起初，她感觉周遭只有她一个人在受罪。不过几个月后，当她看到一位经历创伤后精神紊乱的临床医生时，霍利开始相信，原来每个人都要经受苦难，虽然程度不同。她的一位名叫阿里加的高中同学有三个孩子，却在三十二岁的时候被诊断出患有乳腺癌。霍利的两个好朋友尽管尝试了各种办法都似乎无法怀孕。另一位朋友是一位妈妈，带着两个小孩，一个是学龄前的孩童，另一个是刚学会走路的幼儿，她却得知结婚十年的老公有外遇——而且他正打算抛弃自己的妻子和女儿们。

这就是可恶的现实：不管我们计划得多好，有时候生活会带我们走向完全不同的方向。

那种情况发生的话，我们的整个关于寻找“平衡”的探讨就都被改变了。该死，有时候它完全不在我们的掌控之内。当我们仅仅为了能留住它而忧心忡忡的时候，谁还有时间来考虑掌控全局呢？我们做过的一些采访和私人经历很明显地告诉我们，任何微小的事情，比如生活中意外的变动、变故，都会引起女人对成功的怀疑。我们探讨如何适应工作和家庭，这些事情是不能回避不谈的，而顾虑太多也会让我们觉得目标有点遥不可及，那么对这些事情讨论再多也是不够完整、徒劳无功的。

当然了，并不是每个女人都会遇到如此重大的危机。有的时候尽管一开始看似是危机，后来会发现原来是上天馈赠的礼物（虽然并不总是如此）。我们这代人，和上几代人一样，有着这个时代特有的压力。我们同不孕不育作斗争，我们忍受自闭症发病率的急速上升，也面临着会导致生命危险的食物过敏。我们发现自己夹在慢慢变老的父母和年轻的孩子们中间生存，为了满足他们日益增长的需求而奋斗。

在我们的采访中，有10%的受访者表示她们面临着“特殊的境况”，诸如疾病或者是小孩的特殊需求，这使得既要工作又要当妈妈的她们很是疲惫与纠结。对于我们当中的一部分人来说，这些麻烦事让我们了解到像“足够好”“十分完美”这些词语的新一层含义。毕竟，有些人也见到过人生从完美的高峰跌入谷底的情形。对有些母亲来说，这些磨难也在某种意义上增长了我们的见识，这些可是再多的抱负和专家建议也不能带来的。

* * *

凯茜·卡尔霍恩最倒霉的事就是当了妈妈。更具体地说就是：她在三十六岁刚确立起一段新的恋爱关系的时候，发现自己意外怀孕了。似乎对她来说最公平的做法就是立刻承认这件稀奇事是一桩幸事，可是这并不容易。

一方面，凯茜从来不是那种“说话似是而非”的人（她自己说的）；可是另外一方面，她也是个“来自中西部的善良女孩”（这也是她自己说的）。凯茜还记得是怎样硬着头皮跟她的父母还有老板讲这个事情的，让她松一口气的是，他们都比较支持她。

凯茜知道自己想要这个孩子，她有信心能够做好一位单身妈妈（她一直没有和索菲的爸爸结过婚，但是他就住在附近，是她女儿生活中的全部）。凯茜觉得她能够当好这个家长，就像在工作上干得很出色一样。只要按照同样的法子，她会让自己的孩子按照她的方式来做事情，一切都可以在她的掌握之中。为什么不可以这样呢？这个策略在她生活中的其他方面可都是屡试不爽的。

然而我们所看到的索菲，她似乎还没怎么对上“我们要听妈妈的话”这个节拍。凯茜想让她睡觉，她不好好睡觉；凯茜喂她吃饭，她不好好吃饭。凯茜完全没法让家里的事情变得像工作时一样如意；尽管鉴于她的所作所为可以称其为“超级保姆”，但这并没有给她带来预料中的优势。做妈妈真的很不一样，也更加艰难，比她以前担任过的任何其他角色都要难。

**凯茜·卡尔霍恩，48岁**

**万博宣伟公司北美地区公共关系部门执行委员和主席**

**伊利诺伊州，芝加哥**

**索菲的妈妈**

我以前总在想某一天我会成为一位母亲，可我从小就有很大的抱负（在职场上）。我预计过两者都会发生，然而我从没想过它们谁会先到来。

我没有结过婚，所以我不是那样的女人，她们会说："我打算在二十多岁结婚，然后再工作十年……"说起来很有意思，随着日子一天天地过，出于对未来的考虑，我似乎有必要做出一个计划——特别是现在，这样我可以跟上任何事情的节奏。但是在我的一生里，我从来没有真正有过计划。反正对我来说，事情进展得还算不错。

我在想，事实上，以前也想过——我父亲教会我这个道理——你找到工作，开始努力工作，做得比预期的要好，你所做的事情自己很喜欢，然后你获得了成功。这些就是我计划的内容。

当然了，我的故事以一种完全没有计划过的方式展开了。索菲是一个惊喜，在我三十六岁的时候……我有过好几段不错的恋爱关系，可是……我怀孕的时候身边的那个恋人竟然刚认识没多久。不过，我转念一想，"反正我这么做了，我有这个思想准备。在经济上我也有能力抚养她。"

我觉得自己收获了很多，我在想，"这是什么？这就是母亲。最艰难的时候就是十月怀胎的辛酸，还有分娩时的痛苦。"（她开始笑）不！

其实，做妈妈的过程很艰苦。老实讲，我一直在努力筹划着如何平衡好工作和做母亲两者的关系。我认为之所以很艰难，是因为我们既要那样完美，又要这样完美。我喜欢自己掌控自己的生活，我是个典型的过于争强好胜的人。可我实际上做得不好，特别是在养育小孩这件事情上。我不知道孩子想要的是什么（我习惯于让事情按照计划好的发展），有了她之后，一切都事与愿违了。

但这给我的人生上了最好的一堂课。因为她,我现在成了一位更好的老板。我可以更轻松地追逐潮流，不再为了琐事而烦恼，视野也变得比以前更广阔。

她的到来对我来说真是最美妙的事情！

* * *

这些都并不新鲜：孩子们总是会给我们带来快乐和痛苦。他们不断教会我们一些很重要的道理，有些东西甚至是我们无意中学到的。

新鲜的是，在这个信息时代，烦恼总是存在于这个平衡中。霍利的母亲怀孕的时候，她总不能订阅每周一封的邮件来告诉你孩子发育的细节问题——或者提醒你潜在的危险和坏事情的征兆。她并不像女儿这一代人，可以与众多人上网讨论是否给孩子打疫苗（谁能责怪我们呢？我们的研究表明免疫接种可能是以惊人速度爆升的自闭症背后的凶手。就算这种推断因为没有科学依据而大打折扣，但很多家长也会因此而放弃给孩子接种）。

如今的妈妈们都在密切注意着如何避免灾难发生。我们很谨慎地甚至在孕前就去做染色体筛选检测，这之后还有好多好多的检查测试——这些都是为了找出问题的根源。很难找到这样一个女人，她听说别人的早孕检测结果为假阳性，然后心里嘀咕着是否让医生进行一些测试，这些测试可能会宣布出重要的消息——也可能会对婴儿产生危害（事实上已证明，这种可能性很小）。

当然，所有这些信息，不管我们掌握了多少，对于那些妈妈们能否真正预言危机都没有太大的作用。

艾伦·塞德曼在她自己怀孕时担心的事情不多。实际上，她记忆中的当妈妈前的生活是“完美的”。她在《魅力》杂志做副主编，和老公结婚两年了，1990年搬到新泽西的郊外居住，这样的生活让她很陶醉。在2002年的12月，这个神话似乎发展到了理论中的下一步了，那就是体重7.11磅的儿子麦克斯的出生。小家伙长得红润而健康，丝毫不像外星人或者有点皱巴巴，这些都要归功于剖腹产。

可是几个小时后，当艾伦给麦克斯喂食的时候他忽然停住了呼吸——第一个表明情况不正常的迹象。几个小时后又发生了这样的事情，随后麦克斯被迅速送到加护病房，在那里医生们发现麦克斯患了癫痫症，刚才是癫痫发作的症状。

那一刻，艾伦的“完美”生活到头了。

在之后的几周里——准确地说，在麦克斯整个第一年的生活里——所有事情都没能按照艾伦计划好的那样进行。

她得知，在麦克斯出生的某个时刻，他得了中风。这引起脑部损坏和癫痫发作，最终导致了脑瘫。艾伦后来在她广为传阅的特殊需求育儿博客里写道，这不只是一场噩梦的场景——而是充满了噩梦。医生们认为麦克斯可能会有智障，可能没办法走路，没办法说话，可能看不见、听不到。

“我不想要个残疾的孩子。”她由于本能的恐慌，在那一刻说出这句话。

第一年对艾伦来说已经惨淡得记不起来了；她不希望孩子就这样下去，每天都在努力想办法。她尝试了很多种治疗办法，得到的尽是沮丧和崩溃——只要有一丝希望可以帮助到麦克斯的办法她都试过了。在麦克斯前两年的生活里，他接受过语言障碍矫正治疗、职业治疗法和物理治疗，期间也做过交替性的治疗，比如，高压氧治疗法以及颅骶骨治疗。艾伦给他服用N-3多不饱和脂肪酸补充剂，这被认为有益于大脑的发育。每当麦克斯入睡的时候，艾伦就在电脑屏幕前阅读大量的有关信息，用她的话来说，“太多太多的信息”，都是关于各种让人害怕的可能性后果。

她要供养麦克斯生活，这离不开朋友和亲戚的帮忙，他们知道艾伦无论是体力上还是精神上都疲惫不堪了——艾伦有时让她母亲和妹妹帮忙照看麦克斯以便腾出来一点时间给自己，独自抚平这些意想不到的种种创伤。有时候她埋头大睡，有时候她在社区周围漫无目的地开车，或者在当地CVS商店的走廊里散步，因为身处这样“正常”的地方可以给她带来解脱。她在一家由研究儿童中风的网络公司建立的网络妈妈社区找到了安慰，在那里和其他的妈妈们分享自己的痛苦（艾伦承认，她们比自己最亲密的朋友们都更了解她的心理状况）。

时间的流逝帮助了她很多，麦克斯的进步也让她舒缓了不少。过了几年后，麦克斯学会了走路。他也开始学会说一些词语，先前医生们没想象到他会成功做到这些，艾伦也把心境调整了过来。在2008年的时候，她开通了博客，她发现帮助其他有着同样痛苦的妈妈们也能激励自己。

**艾伦·塞德曼，42岁**
**“爱之大”博客的创建者，自由作家，编辑，作者**
**新泽西州的郊外**
**麦克斯和塞布丽娜的妈妈**

我认为，重要的是千万别再用完美的标尺来衡量孩子们了，因为那样做的话不会给你带来任何好处。在你的眼里看来你的孩子总会有缺陷，你也会觉得自己作为家长存在不足之处，这样你就输了。

所以你需要做的事情就是，把“完美”这个词汇从你的字典里除掉，孩子是怎样就接受他本来的样子，并以他为骄傲，与他一起接受挑战，不要和其他孩子作比较。总之，对孩子而言有“完美”这个说法吗？我不太确定。最好擦除掉这个词汇——对任何一个家长来说都应如此，不管他们的孩子有没有特殊需求。

* * *

加护中心通过飞行将约翰送往克利夫兰医院，在那里他经历了十个小时折磨人的切除手术，虽然没有完全治好他的心律失常，但让他心跳平复下来了。接下来的十二天里霍利都陪在他身边，她来回奔波于他的病房和诊所附近的旅馆之间。后来约翰的父母过来照看他，以减轻霍利和她母亲的负担。马特接她回家，看到基甸和亨利的时候她发觉好久都没呼吸到新鲜空气了，那段时间她一直没有到过外边去。

开车送她回来的路上大家都很沉默，马特劝她吃点东西，霍利勉强吃了些腰果，服用了些阿普唑仑。然后她睡着了，直到马特在车道停车时才醒来。

霍利看着草坪不知道该怎么修剪，看到坏了的灯泡却够不着，看到四岁大的儿子告诉阿姨他想“推倒匹兹堡所有的房子”，这样他就可以去摩根城了——这时候她抱怨起了命运的不公，开始哭泣。她只要一看到救护车就会呼吸急促，当然她都会把这种反应掩藏起来，从不会让旁人看见。

在公共场合，有些好心好意的熟人会说约翰还活着，她是多么的幸运，她只是点点头。还有，内科医师拿着仪器在几英尺以外的网球场给他做心脏电击，看到约翰的电击器功率“缩小”了不少，她也觉得他们俩已经很幸运了。这些女人每晚都来她的屋里，给她送来晚餐，霍利看着她们的眼睛，一直说着“谢谢”二字——然后才意识到有些人的名字她甚至都没记住。

几天过后，约翰的父母将她那憔悴的老公接回了家，他左侧锁骨的皮肤下植入的心脏起搏器凸起得清晰可见。约翰小心地回到他们的卧室，服用了新配好的药用酒，一举一动都小心翼翼，生怕把装置给弄掉了。几个星期以前，就在家里待了一会儿的工夫，同样的场面出现了：约翰被震了十七次——在家里办公室的摇摇椅上躺着的时候，突然心跳加快，他的降颤器必须将它震回到正常速率，他要是没有抓住椅子的两边的话，简直就要被震得悬空了。约翰说这个能救命的电击颠簸过程感觉就像是胸口里面有个棒球被重重地打来打去，于是他们打911电话报警了。现在霍利都不愿到病房里去了。地毯上沾了一摊血迹，这是由于内科抢救医生慌乱中摸索能够打进抗心律失常针的血管的时候，可能不小心扎破了，她至今都不敢回忆这场面。她始终保持着最高警戒，因为不确定什么时候就会听到凄惨的哭泣声。如果约翰有力气从床前挪到睡椅的话，她会确保将手机放在他能够得到的地方。如果他洗澡的话，霍利会将手机放在浴室的垫子上面。

她几乎崩溃了：一直处于恐慌的状态让她感到压力很大，这种生活永远处在崩溃的边缘。随着她日益陷入沮丧，霍利脑中偷偷地在计划着逃离一切：带上没人能追踪到的新手机和信用卡，趁约翰熟睡（大多数时候他在睡觉）之际带着孩子们一起逃跑。后来她意识到这个场景是剽窃了安妮·泰勒的《岁月的阶梯》一书，这个故事里女主角一直开着车子，到了很遥远的地方，一个没有人可以找到的地方，在那里她得以展开全新的生活。

她知道自己的遐想存在巨大的漏洞（最大的漏洞在于，她内心深处很清楚自己不会离开约翰，他是她的灵魂伴侣，不管他的所作所为变得如何的不像约翰），不过她能从想象的世界里得到满足。她在自己的朋友卡丽面前承认过她的一连串计划，卡丽在每天早晨会发邮件给霍利，言语间充满好意以及鼓舞的力量。霍利希望自己能够坚持住，哪怕只是为了下一个小时。

时间一个个小时、一天天地过去了，再没有新的危机出现过。十天没有电击，然后是二十天，再接着是一个月。在十月份的一个早晨，约翰想下楼到街道里走走。霍利一手拉着他，一手拿着手机——就这样他们出发了。

＊＊＊

对珍·坎特而言，生活也企图吞噬她的全部，不过她比霍利准备得更为充分。作为一名医生，珍花了数年时间训练怎样在危机面前保持镇静——她也习惯了正视生活中的不完美。她的母亲是个热心肠、很有情趣的女人，她早年离婚后独自带大三个孩子，她每天以身作则，让珍明白了什么叫做坚强。尽管她们自己家还挣扎在温饱线以下，但她不仅抚养着珍和她的两个哥哥，还给那些无家可归的人食物，到残疾孩子的营地里帮忙干活。她教导自己的孩子说，他们这些孩子是幸运的。珍也明白这点是对的：她被爱着，这种爱让她感到很安全，很自信。当她成年后，她会有用来谋生的手段，也会是一个有远见的人。

在2009年的时候她轻松掌握了这些生活策略。那一年似乎充满络绎不绝的压力和灾难；如果换作是另外一个人的话，那一年可能就被击垮了。

起初，珍过着还算完美的生活：她有一份儿科医生的工作，有着四个孩子，并且打算秋天的时候开一家新公司。在医院的时候她会熬夜加班，部分原因是为了不再每天过着这样的日子。不过她已经将这一切（大部分）掌控在手中了；小问题似乎并不会使她的精力受到丝毫的衰减。

然而，在那个春天，她后院的烧烤架爆炸，火花溅射到她的脸上，头发都着火了，眉毛也被烧掉了。事实上不久前她刚刚才新长出左眉毛，那还是某一年在一场异常的打蜡事故中烧掉的，这样看来，如今这场事故显得更加诡异。朋友们送来了眉笔和假眉毛，珍保持着那份幽默感，试着往好的一方面想。她的孩子们过得很愉快，身体很健康。她有工作，有深爱着她的丈夫——还有了解她需求的朋友们。她非常幸运。

可是一个月后，由于后背关节疼得厉害，她不得不放慢工作节奏——有时只能躺在床上休息——没过多长时间，她丈夫的举止开始转变了。突然间，韦德变得懒散倦怠，完全变了个人一样。时运不济，珍本来已经觉得生活太懈怠了，忽然却被韦德逆转了，这下生活气氛紧张得让珍再也忍受不下去了。

**珍·坎特，38岁**
**保护受虐儿童的儿科医师，教育玩具公司的老板，“天天如此”品牌创立者**
**纽约，韦斯切斯特县**
**两对双胞胎的妈妈**

我想，正在发生的这一切肯定让人非常沮丧……不过他坚强地说：“珍，我并不觉得沮丧，我只是有点累了。我爱我的妻子，我爱你，我爱孩子们。我是个快乐的人——我只是有点累了而已。”

他变得懒惰，为此我们争吵得很激烈。我婆婆来拜访的时候他已经整整睡了一个周末了。我说：“老兄，我没辙了。你不能自己睡一个周末，而寄希望于我去处理所有的事情。”由于经济紧张的缘故，为了照顾孩子们我们已经节衣缩食了……我还要熬夜守在医院里值班，真想说：“上帝啊，你整天睡觉却要我成天陪着这些孩子，这对我来说没有回报只有付出。”

有一天早晨，他匆忙起身醒来，他说：“珍，我觉得哪儿不对劲儿了。”

珍看了他一眼，便知道怎么了——看到他如此不安，她也跟着害怕了起来。韦德患了莱姆关节炎，这是一种蜱传播疾病，已经入侵到心脏了。因为自己的后背疾病，珍还无法长时间站立着，于是她匆忙地将其他孩子送到托儿所，以便能在医院陪伴韦德几天时间。

那个夏天过得很艰难。短时间的住院后，接下来韦德花了一个月的时间进行康复疗养。在夏天结束之前，他一直在接受静脉注射的治疗。

在他康复以后，坎特一家的生活又恢复到了以往疯狂的节奏。珍还要工作，并且有新的事情要忙。同时，她的医学专长首次得到了认可，在接下来几个月准备十一月份考试的时间里，她除了花时间学习以外没有别的选择（后来她通过了考试，顺利成为了国内少数的能够被认证的儿童恶习纠正医师）。

可是到了秋天的时候，状态一度混乱到了极点，珍开始感到压力特别大，因为她的生活当中发生了这么多戏剧性的变故。她担心别人会怎么看她——狂热分子，不堪重负，总处在风雨飘摇之中。“发生了这么多事情也让我觉得尴尬。”她这么和贝基说道。这种担忧甚至消耗了她更多的精力。

年末的时候，她已经完全精力耗尽，缴械投降了，她几乎累得无暇顾及这些事情。这时候她开始摊牌了，再也没有心思各个问题都要去担忧、去解决。她开始更多地利用她母亲从小就给予她的天赋。她决定了，能够解决好急需解决的问题就已经很不错了，她不需要任何人觉得她是完美的。在2009年11月，她告诉贝基说：

今年以来我自信了许多。以前总是傻傻地以为，自己可能会冒犯到别人，或者伤害到别人，抑或我的一个举动或疏忽可能会使某些人生气或者心烦。我就是没办法处理好这类事情。我以前总努力让很多人取悦我，可现在不会了……我已经放弃了努力成为大人物的念头。

我想我真正意识到了我承载得太多了。今年有一些特定的目标，尤其是在考试前，那时候我说过，“这是突破性的时刻。”

这一年要做的事情不多。

事实正是那样。

* * *

经历了那么艰难困苦的一年，珍·坎特知道挫折不仅使她变得更加坚强，也让她进一步找到自己真正喜欢做什么。当然了，这个过程不是一蹴而就的。在危机找上门之后，我们很多人都希望可以回到过去轻松愉悦的生活里，过上普普通通的一天。过去我们没有好好感恩这种普通的一天，直到危机到来时才吃惊地意识到，以前并没有真正地主宰和支配自己的生活。

伴随这些挫折而来的是天真的消失、期待的落空——我们也必须一如既往地承认并接受，我们计划好的生活并不一定会实现。

在艾伦·塞德曼的一篇写于2009年1月8日的博客中提到，她将好不容易积累起来的智慧都用在了如何度过那些最艰难的日子上：

如果你需要治疗，尽管去治疗吧；如果你想哭，就哭出来吧。我就是这样做的——在我开车送麦克斯去赴约治疗的时候，在沐浴的时候，在晚上躺在床上的时候。你精神上受到了创伤，你必须将这份悲伤从自己这里赶走。

接受别人的帮助吧。我是个特别独立的人，喜欢自己做自己的事情。但是在麦克斯出生后，一边面临一大堆的医务和治疗预约，一边又要适应照顾小孩的生活，我感觉快被包围得透不过气来了。于是我请我的妹妹帮我处理家务，我让朋友们帮我关注信息，我让戴夫用匙喂我吃晚饭，自己则一边忙着给麦克斯喂母乳。他们大家的帮助使得我度过了那一年。

努力吧，尽量努力去喜爱你的孩子。看看麦克斯吧，多么的讨人喜欢啊。我知道该这样做，但是我没有尽我所能地去彻底喜欢他，因为我非常害怕他会“成为”什么样子。你们大家都有漂亮的小孩，别只顾盯着他们的未来看，学着喜欢他们现在的样子，喜欢此刻的他们。

当然，并不是所有的危机都与健康状况或婴儿有关。有的时候，我们的雄心壮志会使我们误入歧途，我们所从事的工作会把我们搞得精神错乱。事情的确像这样发生在了妮基·阿德科克·威廉斯身上，那会儿她刚开始迈入律师生涯。

* * *

妮基一开始还不知道发生了什么。可是，不知怎么的，她发现多年以来所从事的工作俨然让她彻底绝望了。

她幻想过在肯塔基州立大学的法律学院毕业后会有好运气直接进入大城市的一家有名气的律师事务所工作——真的，她做到了。她在七年级的时候就计划着成为一名律师，那时候在罗维利老师的历史班里，她的一个同学告诉她这是不可能的，因为她是个女孩子。

我会证明给他看的，她发誓说。

可这段美好时光甚至在她还没来得及开始就匆匆结束了——事务所打来电话说，虽然妮基计划好了在知识产权法领域实习，但那种类型的工作岗位已经人满为患了，没有什么她可做的工作了。所以她只好签了家专做破产事务的单位，只是为了开始工作。

自从她第一次接受分配任务以来——在安然破产公司工作——妮基

就知道这不是办法。尽管她好几次低声下气地用亲切悦耳的方式提出想调换到能够真正唤起她兴趣的工作领域，可似乎没有人关心她的事情。她自此被贴上了破产法律师的标签，就这么被约束在她明知自己不会喜欢的领域里。

她的丈夫——汤姆，觉得公司在头一年里是想办法让她“打入内部”。他掂量着是这么回事，他们想除掉那些没有同情心态的合伙人，这种心态是合作中必备的。尽管妮基有着一副好心肠又喜欢微笑，但是她决定要获得成功，而且她成功地证明了他们看错了，证明七年级时那句话是错的。

可是大型公司里变化莫测的生活——这份薪水高达六位数的工作——很快让她付出了巨大代价。在他们成为夫妻后的第一个圣诞节（同时也是妮基进入公司后的第一个圣诞节），她和汤姆打算先回汤姆在俄亥俄州的家，然后前往她肯塔基州的家里过新年。可是，在11月23号那天，一名合伙人敲响了她办公室的门。

“妮基，我知道自己这么做很讨厌，但是你明天还不能离开。我们需要你整天都待在这儿。”他说。

妮基在想办法能够早点离开：她决定留下来好好工作，把事情高效率地处理完，然后他们就能够准时启程了。于是她展开调查、做笔录、修改备忘录，直到晚上九点才离开办公室，心里祈祷着那个合伙人看到之后准许她前往俄亥俄州。

可是他一直没有打电话过来。

第二天，公司正式下班后，妮基独自坐在38楼层的地板上，等候着那个能够解放她的电话。几个小时过去了。大概下午4点的时候，在她留下几封语音邮件和电子邮件后，她才从合伙人那里收到了回信，他正在康涅狄格州的机场里。他早就看完全部资料了，而且都没有问题——他只是没告诉妮基一声她的探亲假可以开始了。

这件事就这么过去了四年半。汤姆有一回买好了歌剧院的票，妮基正在紧要关头，要赶一个项目，于是去不了。他们计划好了的度假，由于种种原因最后又取消了。妮基后来才发觉到，自己进入了一种深度抑郁状态，每周有好几天，不管是在上班前、上班时，还是上班后都会哭泣。在特别难受的早晨，她去办公室之前都要呕吐。事情发展到了她的丈夫都不愿再听到这些的地步。

“看起来就像日常安排一样，比如，‘噢，妮基又在哭了’。”她说。

回过头来看待这些事情，妮基知道自己处于低迷抑郁的状态（接受我们采访的几位妈妈们都有或多或少的抑郁，考虑到在美国15~45岁的人群中很多的抑郁紊乱是造成残疾的主要原因，这件事情也就不那么奇怪了。这种紊乱在女性中尤为普遍，平均来讲，发作年龄在32岁）。

妮基是一个天生外向的女人，她总喜欢结交新朋友，也乐于和同性恋群体打交道。她开始觉得自己变得内向了，她的自信心瓦解崩溃了，她觉得好像自己什么也做不好，觉得别人都瞧不起她，因为她不满足于整天被固定在黑莓电脑前的生活，她做事情变得多虑起来。

她想要逃离这一切，不过她终究还是拒绝了两份她曾经觉得自己喜爱的工作。其中一家是亚特兰大法律援助公司，要去的话可能要卖掉她和汤姆一起建造的梦幻爱巢，而她可没准备好要和这将象征某种牺牲的房屋告别。

后来一位亚特兰大的法官给她提供了一份工作，甚至都没要求她参加面试，因为靠的是她强有力的简历以及写作样本。

在那个时候，妮基已经在精神上麻痹大意了，拿不出勇气。她得三周后就职，可是她给女儿选择的那家托儿所要六周以后才开门。如果是以前的妮基，她会想办法搞定那三个礼拜；而现在的妮基，出于惰性和害怕心理，无法集中精力去做事。

**妮基·阿德科克·威廉斯，33岁**
**佐治亚州立大学法学院法律写作教授**
**佐治亚州，麦克多诺市**
**安娜和利亚姆的母亲**

我失去了全部自信。从前我是个十分自信的人——那时候我十分优秀，喜欢和别人交谈，喜欢到外面的世界，喜欢做各种事情。然而公司里的生活，要长时间地工作，让我渐渐觉得没时间去做能够让自己开心的事情了。这真的让我变成了沉默寡言的人。我总是觉得没人看得起我，自己的努力也达不到预期效果。我琢磨着自己到底是什么地方不对劲儿了，因为我工作的时间里都感觉不到开心。

我从没去咨询心理医生，而我真的应当去咨询下。我认为自己应该能够适应这一切，比如说干点这个那个的，然后事情会慢慢好转起来。

在妮基的案例中——正如她后来了解到的——想要从阴霾里走到更加光明的处境当中来，需要做的事情远远不只是“更加努力地工作”。

＊＊＊

享受此刻，寻找光明的未来——这些并不是霍利的强项，在她最低落的时期，未来如此飘忽不定，她发现很难适应崭新的现实生活。

她很感激植入在约翰胸前的起着拯救生命作用的装置，然而也对它恼羞成怒，毕竟是它让她为了家庭疲于奔命。约翰陷入了第22条军规的怪圈：一方面他必须掂量着自己的极限从心理上和身体上接受治疗，而医生们从来没有正确指出他心律失常的起因；另一方面，他不得不带着恐惧心理预感到，他的下一步行动也许会导致他又一次躺在医院那吓人的病床上。

但是他们忘了向前看了——他们有两个儿子别无他靠，所以他们真的没有别的选择了。慷慨的同事们整个秋季学期都在提供帮助，而这两口子，他们只想着努力恢复到原来的生活。一位熟人告诉霍利说她是个坚强的人，霍利在信念动摇的时候就想着自己很坚强。她开始了定期的治疗，这让她看到自己已经的的确确从噩梦当中恢复过来了。

霍利把自家的寝具统统换了，因为她觉得约翰的位置最好是蜷曲着，并可以颤动，同时医务组人员可以照料约翰。她还告诉约翰说，她想把那个家庭办公型的躺椅丢掉，因为约翰身上受到十七次电击的时候就坐在那椅子上面。

约翰并不同意这么做。他正在接受恢复治疗，他要看到自己也许能挪动到危机来临之前待过的那个地方。约翰曾以为这一生中再也没有能力做的各种事情——写书，和男孩们打闹，给妻子关爱，照顾家人——他都尝试做了。渐渐地，随着身体和心理的恢复，情况一天天地好起来（尽管大多数肢体动作还是显得“恐慌性的拙笨”），他那老一套的做事风格又开始浮出水面了——爱搞怪的约翰踉踉跄跄地回到过去的状态了。

他告诉霍利说他不打算丢掉椅子，他反而给它取名叫“老伙计”，这一叫法就被当作一个笑话来讲，用来忘掉过去的痛苦。

他们又回到了健身房，约翰和服务台的工作人员开玩笑说他们最好提高警备，准备好急救服务，以防万一。他给事发地点，即他心脏停止跳动的地方改名叫作“约翰圣殿纪念壁球厅”。有些胆大的朋友们开玩笑问霍利：如果他们做爱时设备被切断了会有什么感觉？

他们引用了降颤器使用说明书封面上一对七十岁夫妻的图片的说明回复道：“只是有点温柔的刺痛。”

他们新领养了一只小狗，又开始在每周末的夜晚约会。霍利重出江湖了，不过化身成为一个崭新的自己。约翰一直是她乐观、有力的摇滚乐二重奏的搭档，可她更倾向于拥有消极的想法和担忧。她发誓要做出改变，慢慢地她也改变了。

她开始学习瑜伽（真的学进去了），同时给她的男孩子们报了儿童瑜伽班，这样他们也能学会热爱它。几年以来她首次在舞台上献唱，内心充满着喜悦之情，这是她从其他地方无法获得的。她也决定是时候花时间写一本在头脑中酝酿数年之久的书了——没有更多的时间可浪费了。

所有该说的都说了，该做的也都做了，约翰的危机激起了霍利对自己最紧要的事情的重新审视，并朝着新式的完美目标走得更远。她已经毛骨悚然地看清楚了生命是如此之短，永远也不够。她重新做出承诺说，要把珍贵的时间花在最紧要的事情上面。

到了晚上，她一直给她的宝贝们哼唱着摇篮曲，这是她在他们还是婴儿的时候为他们创作的曲子，以一句傻傻的“哦，孩子啊”结尾。当约翰躺在医院病床的时候，当她给基甸和亨利唱到“情况一天比一天好”这句歌词的时候，她声音嘶哑了。

就像这首歌约定好的一样，他们做到了。

GOOD ENOUGH IS THE NEW PERFECT

# 第10章 重塑·新知足常乐

- 你完全可以重新开始。追寻对你来说更有乐趣的工作并不意味着就抛弃了过往的经验。
- 走出去，多和人交流。先从你周围的圈子开始，听听他们的建议，并通过他们拓宽自己的人脉。
- 寻求帮助并不丢脸。
- 不要限制自己。世上有的是选择机会，远远超过你所想。

那是1月的一天下午，就亚特兰大的天气来说，冷得反常。妮基·威廉斯发出了五年来在她脑海中反复措辞的那一封电子邮件。

From：妮基·威廉斯

To：全体律师

2006-1-31，星期三，下午4：10

现在我也要写下这熟悉的句子了——今天是我在这里工作的最后一天。我已经当了五年的破产事务律师，现在，我已经不再稚嫩，我需要花一些时间来决定自己真正想做的事。

明年我打算留在家里照顾孩子。我女儿安娜现在两岁，我的第二个宝宝今年8月也要出生了。另外，我希望能花些时间沉下心来考虑清楚怎样加强在专业性上的修为。

妮基花了几个小时起草这封完美的谢幕信——按照惯例在离职时向同事群发“告别邮件”。事实上，妮基花费了很长时间在编辑这些段落、整理她的文件并把笔记本电脑和黑莓手机（眼下用黑莓手机还真有点不好意思拿出来）归还到技术部门，她是最后一个到达自己欢送会的人。夜幕降临，她才走进“头版新闻”的大门，那可是她在市中心最喜欢的一家餐厅。她还是个暑期实习生的时候，事务所就是在那里盛情款待她并和她谈聘用合同的。

而这一次的聚会是着眼于妮基的未来，事务所的雇佣律师同事和朋友们同她一起庆祝她从事务所的冗务中得到“解脱”。

如果不是怀孕了，她一定会痛痛快快地畅饮一大杯黑皮诺葡萄酒。妮基后来告诉霍利，那个晚上的点点滴滴她都历历在目，难以忘怀。

来参加欢送会的同事们和她一起经历过艰难的时期，看着她一边在这家大型事务所拼命工作，一边还要兼顾家庭生活与工作之间的平衡。

妮基在2004年生了第一个孩子，是个女儿，名字叫安娜。休了4个月产假之后，妮基回到公司全职工作，她说：“除此之外，我觉得我别无选择。”

但从那时开始，她的工作焦虑陡增，她开始质疑自己的六位数的薪水是否值得。虽然她的薪水带给她一些显而易见的好处：她和汤姆在亚特兰大的埃奇伍德附近买下了一幢三层平顶小楼，她简直爱死它了。那是她梦寐以求的家，她想象着孩子们在那里长大，一家人坐在门前看时光流逝。她还亲手在安娜儿童房的墙上和主卧浴室的按摩浴缸上描绘出繁茂的花朵。

妮基一直以为，努力工作本身能带她实现梦想，工作就是她所需要的。但是渐渐地，她意识到她想要的更多——她需要精神动力鞭策自己奋进，才能以平和的心态来看待她为工作做出的各种牺牲。

妮基在2005年的某一天突然意识到这一点。那一天，妮基打电话请了病假，因为她的小宝宝安娜发了高烧，病得没办法送去日托。但那天早上的晚些时候，一个工作搭档说他“不关心”这种事，并坚称妮基一定要来，因为一个研究项目需要她。当时妮基的丈夫汤姆正忙于一个法院的听证会，这对小夫妻在城里也没有别的家人能帮手。所以接到电话后，妮基不得不在三十分钟内，打好包，带着还在发烧的安娜，赶往事务所资料室。然后她焦头烂额进行数据分析，安娜只能睡在她脚边粗糙的格子地毯上。妮基从樱桃木长桌起身去检索某一本书时，事务所好心的资料管理员会帮她照看一会儿宝宝。

在四十层灯火通明的法律资料室里，看着小安娜睡得很不安分、不踏实的样子，那一刻她突然如梦初醒：她明白她的事业终点不该是一家大型律师事务。她可以勉强认同为了获得最终成功，废寝忘食地辛苦工作是一种合理的手段，但她希望成为一位好母亲，工作却成了阻碍。她一肚子苦水，已经不堪负荷。

所以，一年多以后，妮基终于离开了事务所，这是一件真正值得庆祝的事。她的丈夫汤姆也参加了欢送会，他看到妮基脸上浮现出的轻松的表情，真心希望她能“转角遇到快乐”。

但离职后不久，妮基和汤姆不得不面对一个经济上的麻烦：家庭收入问题——原本妮基的收入占到家庭收入的四分之三；而汤姆作为一位政府律师，是不允许私自去找客户做兼职的。仔细研究日常花费预算之后，为了维持生活，他们不得不卖掉心爱的房子，搬出市区，同时缩减生活开支。一开始他们感到很不适应，慢慢地也接受了这个事实并习惯了新的生活方式。

但这似乎是一次正确的改变。之前，汤姆觉得妮基简直快要被律师事务所榨干了，当初她那么充满热情和激情，结婚五年后却判若两人。

他多么希望以前那个激情洋溢的妮基能回来，希望她可以找到一个能让她的天赋发光的地方，在那里，她能从事有意义的工作，成为一位优秀的作家、“一位名副其实的好律师”，并为此自豪。

但天下没有灵丹妙药。妮基辞职后的一年半里，她都在照顾安娜和新生的小儿子，另外有时为一个少年法庭的法官做点兼职工作。

妮基本没有打算在家待这么长时间，即使靠卖掉房子的钱，以及搬到便宜的南部郊区，家庭的经济条件也还是不允许她完全当个全职太太。但她不知道从何下手。以前她无法融入律师事务所的高强度工作，现在她处在一个全职妈妈的新世界——“作为妈妈，怎么能容忍把自己的孩子扔给别人照顾呢。”于是她迷茫了。

一天下午，在当地的一个公园她觉得受到了创伤，事情是这样的：她带着女儿安娜在公园里荡秋千的时候，一位妈妈走过来要她的联系方式，并夸奖道：“你是我见过最用心的保姆。”妮基解释说她们其实是母女，虽然她们看起并不太相像，她是混血儿，安娜的头发是浅黄色，但她确实就是安娜的妈妈。听了这话，这位妈妈很快就把话题转向了做母亲的职责，用了一些数字来证明自己留在家里是个正确的决定，同时劝说妮基在家里一直待下去，总得有人顾家，或者至少让她丈夫做出一些牺牲。

妮基回答：“我老公热爱他的工作，我从没想过让他舍弃。而且我希望我女儿……每天不管是我起床还是在干活，她都能看到我，这样她就知道她可以自由自在，可以做很多她喜欢的事。”

这位妈妈不太理解地盯着妮基，妮基没有再解释，收拾起尿布袋带着安娜离开了。

搬家后，和新邻居们建立了友谊，她感觉周围的妈妈们分成了泾渭分明的两类：全职家庭主妇派和重返职场派。她不明白的是，不管是哪一阵营的妈妈，为什么每个人都显得那么疲倦、睡眠不足？为什么每个人都只关心她有多与众不同？“我猛然意识到每个人不是一开始就自动成了这种‘妈妈俱乐部’中的一员，这是一个潜移默化的过程。”她回忆道。

妮基感觉泥足深陷——以前在律师事务所苦苦挣扎，现在家又成了牢笼（汤姆回忆说，那时候，如果他5:15还不到家，妮基就一个劲儿地给他打电话。两个孩子，一个蹒跚学步，一个尚在襁褓，照顾了他们整整一天后，妮基迫切想喘口气休息一下）——她感到恐惧、束缚和孤独。

＊＊＊

在我们调查的女性中，大多数都从职业女性转型为家庭主妇——大约有75%之多。这就像是女性人生无法回避的选择。我们试图去理解，作为新时代辣妈，常常面临各种挑战——社会群体的普遍选择和看法、对自我身份和角色的权衡、适应工作环境的压力、婚姻、技术发展（甚至是反复无常的命运），唯一的办法就是——不断奋斗。

我们就参与调查的女性的回答内容进行了分析和划分：约25%的人以弹性工作时间的方式继续从事原工作，几乎20%的人把当前工作转为兼职性质，15%的人换了一份灵活性更大的全职性质的新工作，10%的人找了新的兼职工作，10%的人开始从事自由职业，11%的人自己当起了老板。只有8%的人认为自己离开了职场，成为全职家庭主妇（尽管有这样的数据，但在这里还是要强调一下，本次调查的目标人群是已为人母的职业女性，不包括打算长期留守在家的女性）。

需要特别提到的是，在这项调查的补充说明栏，受访者的答案令人眼花缭乱：

我老公“退守”当了家庭主夫。

为了留出充足的家庭时间，我没有选择需要像打了鸡血一样的工作。

我在家办公。

我减少了计划的婚礼蛋糕数量（这样可以省钱）。

我到点就下班走人！

我不干涉及出差或试验性质的工作。

我上班时带着孩子。

我搬了家，这样我妈妈可以帮我。

我职业生涯进程曾经有三次暂停期。

我想要孩子的时候就换了工作。

难怪妮基感到非常困惑。当工作不能适应家庭生活，并且成为全职妈妈也无法解决这个问题的时候，谁又能为我们指点迷津呢？妮基迷失在日常琐事中，她不知该做些什么促进个人生活与事业目标之间的平衡。用时下专家们描述职业转换的新鲜词来说，妮基不知道如何“再登场”“再启动”或“再创造”，所以她简单地选择退缩。

## 找回正确的态度

黛比·斯通，一名认证的职业教练（曾经是一名律师），表示妮基出现的信心减退十分普遍。自从2002年成为一名职业教练开始，黛比已经为数百名女性提供过专业化的咨询建议，在长期的工作中她发现有两类人群会经常觉得自我形象受到影响：（1）对选择去工作还是生活感到很矛盾的女性；（2）对先前工作环境不太满意的女性。我们采访过的许多女性都符合其中至少一类的情况，其中不少人觉得先重拾自尊才是她们可以决定下一步该做什么的当务之急。

对于曾经深受挫败的人而言，这将是一个艰难的过程，这时候让内心真正的平静下来就显得尤为重要。黛比建议，在职业转换的第一步，各位女性朋友可以在一张清单上列举出自己的十个优点，以及这些优点在生活中的具体体现，准备好后可以展示给朋友或者另一半。自我认知出现过阴影的人在这一步时会有些纠结，但重复这个过程，在他人面前兜售自己的优势，多次练习后会显得越来越自然。

接下来的一步是要确定你的兴趣所在及对不同兴趣的喜爱程度。根据黛比的经验，多数人在进行职业转换时跟妮基是一个思维套路，这种思路描述起来就像"被困在一个粉红色的盒子里后，所能想到的也无外乎是逃到其他的粉色的盒子里"（难道只有粉红色的盒子吗）。认清这个自我束缚之后，不管你在过去的工作中曾取得怎样的辉煌成就，创造了怎样的业界传奇，你也要先走下神坛，暂别过去——就算你的亲戚朋友在听说你要转换职业后，再三提醒你不要放弃以前熟知的行业，你在心底也反复这么念叨，但我要说的是，你要从这些犹豫中挣脱出来，将注意力集中在分析你的优势以及如何在新的环境中发挥你的优势上。

虽然放弃一种职业定位是很困难的，但黛比相信我们大多数人并不只契合某一份特定的工作，随着时间的流逝，很多女性都对自己想从事什么样的工作会有新的认识。有一点要说的是，很多职场妈妈们其实是在年轻时一时兴起就决定了自己的职业。比如，妮基选择做一名律师，是因为她一个中学同学说她做不了这行。

大多数女性对职业转换十分不安，或者至少有些恐惧，可一旦确认了自己的热情所在和可转移技能，她们就打消了疑虑，并开始为各种大大小小的机会和可能性兴奋不已。黛比见证了一些反差巨大的职业转换。有一些特别好的例子，比如：

一位以前的女律师现在成为了驯犬师，她训练狗狗的灵活性，为参加犬类障碍赛做准备。还有一位前医药销售代表后来却成为了职业教练、一位前公司职员企业后来成了室内设计师，以及一位前律师后来成为了企业活动策划人。

但是没有人能一蹴而就，毫无心理准备就实现一个重大的人生改变。卡罗尔·菲什曼·科恩，一位国际公认的再就业专家赞同黛比的观点，丧失信心是职场女性的普遍现象，特别是那些经历了一段休息期后希望再次进入职场的女性。卡罗尔，毕业于哈佛商学院，与人合编了一本针对已为人母的女性重返职场的指南，受到广泛好评，并举办职业转换主题讲座，受众达到数千女性。有趣的是，她发现前一份工作所获得的成就和面对再就业时的信心这两者之间并没有什么必然关系。卡罗尔的工作就是帮助这些想再就业的女性不再执着于过去，并且在心理上能勇往直前。

很多人觉得人走茶凉，担心她们很快就会被淡忘，并为流失的人际联系而痛惜（妮基·威廉斯从律师事务所离职时，简直可以说“看也不多看一眼地赶紧跑掉”，这样和当时的许多人脉也就断了联系，对此她深感遗憾），对此卡罗尔提出了一个积极的行动建议。她说：“其实很多重返职场的人都不知道，旧同事并不会就此忘记你们，你们就像过去时光的凝固图像一样印在他们脑海中。所以，各位女性朋友，也许你们过去工作得很辛苦，经受动荡和怀疑，你们的旧老板一无所知、视若无睹，那些日子实在不值一提，但如果和以前某位很受欢迎的同事取得联系，你却可能还是会觉得相当开心。”

妮基和霍利在2010年1月私下见了一面，她们就妮基重新开创职业生涯的计划展开了讨论，并制订了后续访谈的时间计划。当时，妮基还是一位全职法务专员，虽然她也还喜欢她的老板，也能接受她的工作内容，但这些其实一点也提不起她的工作热情。当她谈起她的工作时，经常忍不住就哭起来，这个时候她强烈渴望一份更愉悦的工作。

后来，她告诉霍利她也许需要从头开始。

**妮基·阿德科克·威廉斯，33岁**

**律师**

**佐治亚州，麦克多诺市**

**安娜和利亚姆的母亲**

老实说，我不太确定这就是我想要的职业。我已经目睹了司法中太多的黑暗。我离开律师事务所之后，我曾经感到内疚，并且我开始觉得我甚至不太确定这是不是我长大后想要做的事。当我离开事务所的时候，我相当于放弃了一大笔潜在的收入，但大多数时间我感觉良好，因为我的家人都很快乐。在这过程中，我流过很多眼泪，也常暗自祈祷。我真的不知道一年或两年之后我会怎么样。我只是努力使我的家庭幸福，并且希望一旦有合适的工作机会降临到我面前时，我能做好准备好好把握。

在2010年的春天，霍利遇到妮基的丈夫汤姆，他说他感觉到正在发生变化。妮基比几个月之前似乎更有活力也更积极，事实上也确实如此，《减法生活》使妈妈们成为一个小群体，这个小群体让妮基对自己和她的价值都有了新的看法。汤姆想说这也许又是一个转折点。

那天晚些时候，霍利给妮基发了一封邮件，告诉了她职业教练黛比·斯通的联系方式，第二天，妮基给黛比打了电话。

## 现在怎么办

一旦解决了自信心的问题后，就可以开始发掘各种机会。

有很多评估职业选择的方式。对负担不起职业教练的女性来说，有成百上千的书籍，书籍里有各种各样的评估工具来告诉你，根据你目前的经验、兴趣及特长来看你适合什么类型的工作。

尽管一些女性怀疑来自书籍的评估工具的结果，但黛比·斯通认为这些工具通常解释了为什么目前的工作不适合她们（之前霍利在律师事务所待得很不开心的时候，她在一位职业教练的指导下做了一份评估，结果发现只有小部分律师与她的性格类型相同，而教学才是她的天赋所在，认识到这一点对她来说是一个巨大的宽慰）。

虽然不同的职业专家提供不同的评估方式，但大多认同一个主要原则。在她的书中，卡罗尔·科恩强调了针对职业重新起航的3C原则：控制（Control）、内容（Content）和补偿（Compensation）。

对妈妈们来说，如何控制好时间是关键所在。在这一点上，卡罗尔贡献了一条特别忠告：在描述你想要从事的工作性质时要特别注意，虽然不少妈妈们都用“兼职”来描述理想的工作，但根据我们的调查，其实很多妈妈们真正想要的只是在一些特定要素下的灵活的工作时间。她们一般都不介意一周工作四十小时甚至更多。

现在说第二项，工作内容，意思是指要找到最适合妈妈们目前生活处境的工作。卡罗尔告诉霍利，重返职场的女性大部分都会采取三种方式之一：继续职业生涯暂停前的同样的工作、尝试与之前工作所要求的专业性相近的一系列工作，或者干脆彻底转换领域。妈妈们一旦做了较长时间家庭主妇，再决定重返工作，她们会感觉她们离开职场的这段时间像是卡在时光隧道里而丢失的岁月一样，比如她们会发现，露趾鞋和光腿已经取代了穿着严严实实的西装，她们担心她们的经验已经过时（“我真的需要了解Excel和Twitter吗”）。一项新技能可以为求职者的简历和信心都增加筹码，增加她和信心。来听听卡罗尔所举的这个例子吧：一位前城市规划者在她职业空档期以志愿者的身份参与一个筹款项目。当她决定重拾工作以赚取收入时，她手中握着一项资金筹措的专业认证证书，这为她的求职简历增加了资本。她擅长理论（这部分得益于她的志愿者工作经验），并对重返职场的满怀信心。

换一种方式？对那些想要平稳过渡回原先状态，或者想确认某个工作的内容是否真如广告中所述的女性，卡罗尔建议可以先通过咨询了解、自由职业或者短期合同的方式进行尝试。

接下来，谈到工作补偿的问题。被反复引用的工作—生活政策中心的统计显示，工作技能良好但退出劳动力市场达到三年或三年以上的女性将有37%的收入锐减。但卡罗尔指出，同理，重返职场的女性并无法重获当年的身价。

“有时候，”她解释道，“重返职场的人有意选择一份薪水较低的工作，因为那样意味着较灵活的工作时间和较低的工作压力。比如，一位初为人母的女性可以选择暂时减少工作时间。还有一些人转换到一个全新的工作领域时，也会暂时选择比较低的薪水起点，为的是谋取更好的未来发展。”卡罗尔说：“需要特别注意的是，管理好当前的家庭收入和预计的未来收入，因为很可能早几年的付出一开始并不会为家庭带来大创收。”

最后，黛比 · 斯通建议寻求职业转换的妈妈们与工作精彩的职场妈妈们多多交流。黛比说：“一般而言，听到职场辣妈的励志故事后她们常常发出这样的感慨：‘哇，我以前从没想到你可以走到今天的地步。’”

## 激情是重新启程的燃料

去年冬天，在一次妈妈博客会议上，霍利结识了两位重返职场的女性搭档——艾米丽·麦卡恩和库珀·曼罗，她们的故事使霍利深受感染和鼓舞。

艾米丽和库珀在职业生涯中曾经互相轮班工作超过20年。她们利用她们广泛的社会关系和企业人脉建立了一个关于成功的网站，她们各自在纽约和宾夕法尼亚的家里远程管理着这个网站。她们的网站the motherhood.com，是一个在线社区，目前已经有10000名妈妈成为了注册用户，同时每天还有成千上万未注册或登陆的网站访客（因为她们是公关人士，所以网站的标题语不时变换，但是这里有几个最受欢迎的：我们是你触手可及的朋友；我们比你所想的更强大；我们厌倦了做乖乖女）。

艾米丽和库珀相识于华盛顿特区一家没有窗户的公关公司，用她们的话说，那时候感觉就像在“服刑”。到了1990年中期，她们一起在艾米丽创办的一家公司工作（与上家公司正相反，新公司有很多窗户）。时光飞逝，世事变迁。后来艾米丽和她最好的朋友艾琳共同改编了《面对尽头生活》，她们受邀上奥普拉脱口秀讲述她们的故事，但很不幸的是，不久艾琳就因为罹患乳腺癌而去世了。

经过多年的生育治疗，艾米丽在2000年终于当上了母亲，在2002年生了第二个孩子。与此同时，她的好友库珀搬回她的家乡匹兹堡，她已经是四个孩子的母亲了。回到家乡后，她为当地的报纸撰稿，并开始与艾米丽合写育儿书。

随后，她们逐渐萌生出一个想法——创建一个妈妈们的网络社区，这个想法使她们兴奋不已。她们在2005年取得了起色。那一年她们建立了一个清算公司，方便读者向卡特里娜飓风疏散人员捐款。看了两天的电视报道，她们忍不住发出“为什么没有人帮助这些人”的质疑，她们做了所有的救援组织都做不到的一件事，那就是将她们的博客变成一个为流离失所的疏散人员捐款的在线交流中心。她们的想法在网上像病毒一样蔓延——一夜之间，成千上万的人访问她们的网站，赞助的东西从一间活动房屋到一辆装满尿布的18轮大货车，应有尽有。

这对库珀来说是一个转折点。先前她丈夫每周出差，她需要抚养四个不到七岁的孩子，她觉得压力大得几乎难以承受，以至于常常在厨房里默默哭泣。

卡特里娜飓风的捐赠项目给了她一个喘息的机会，也帮助她从产后抑郁症中逐渐好转起来。

库珀和艾米丽在接下来的三年里一直努力经营她们著名亲子主题网站MomsRising.org和BlogHer.com（在这期间她们以此为蓝本建立和反复修改自己的商业计划）。在2008年，她们正式推出了网站the motherhood.com，定位为为妈妈们提供一切亲子主题的帮助和建议的在线社区。

更重要的是，她们同步推出了一个姐妹网站，让一些知名品牌，比如海洋世界、家乐氏、威瑞森和纯果乐，与在线妈妈社区建立联系。有一个很棒的例子：希伯来热狗公司想在2009年和2010年的烧烤季推出大规模促销，于是库珀和艾米丽精心设计了“带你的心去野餐”活动，在美国的9个城市掀起了野餐等相关服务的需求热潮。

艾米丽·麦卡恩，48岁

the motherhood.com和the motherhood creative.com网站的创始人之一

自营公关公司、作家、联合国和领事团的纽约市派国际事务主管暨代理专员

纽约，蒙特拉其

艾琳和埃莉的母亲

我生了孩子，写了一本关于在近处生活的书，之后我才真正学会从情感上、精神上、身体上、心灵上各角度来权衡生活中的孰轻孰重。我过着忙忙碌碌的生活，常常反思：我怎样发展人脉，我想取得怎样的成就。

我发现把自己放在第一位是件困难的事，顿时明白——我曾那么地努力工作，习惯了以他人利益为先，而忽视了自己。

我终于意识到我自己的生活是多么重要，生活并不是只有“职业人”的一面。于是我放缓了自己生活的步伐，获得新的感悟。

我能够确认我想成为什么样的人，什么一直吸引着我，让我深深为之着迷。我知道，我正沿着自己的理想前进，从未偏离方向。在这个妈妈博客社区，妈妈们互相支持、互相帮助，为她们创造了一个这样的地方，这让我觉得我似乎能改变世界并让它更加美好。这才是我应该走的道路。回顾过去，就像冥冥之中早有安排，只等我自己去发现。

库珀·曼罗，43岁

the motherhood.com和the motherhood creative.com网站的创始人之一

公共关系领域20年从业经验，自由撰稿人

宾夕法尼亚州，匹兹堡市

克莱德、威利斯、格雷迪和芬恩的母亲

作为母亲，真的没有什么“家庭事业两不误”的阳光大道——一切只能取决于你自己的定位。确实，怎样才算是过得好完全取决于你自己的诠释，和别人没有任何关系。我整个生命中都持这种看法。常有人说：“你必须这么做，这是通向成功的不二法门。”我逐渐认识到这并非真理（成功并不只有一种特定模式）。

我深深相信，如果不管你想成为什么样的人，都有一些人支持你，这一定是莫大的鼓励。所以如果有一位妈妈想要做出改变，我就会问：你到底在恐惧些什么？如果你奋力一跃结果会怎样？如果你什么也不做结果又会如何？我办公室墙上贴着一句格言：“留下会得到更好的东西。”这也适用于我们。如果你不开心或如果你没有什么起色，你的不快乐情绪就有可能会感染身边的人，其实我们可以改变这一点。

## 为重返职场做好全面准备

对准备改变的女性（根据卡罗尔·科恩的研究，近200万名受过大学教育的已为人母的女性希望实现重返职场的飞跃）来说，好消息是：现在正是重返职场的理想时间。

2004年，卡罗尔为了写书，开始进行再就业的正式研究项目，她发现，全世界关于这个主题的项目很少。话说6年后，卡罗尔已经拥有超过65个的再就业项目，这些项目创造了广阔的就业环境。她的再就业项目的赞助者包括企业、大学、专业协会、基金会和政府机构。

再就业项目的泛滥，包括那些由著名大学所驱动的项目，为广大雇主提供了可效仿的良好示范，也为很多让刚毕业的职场新人提供了选择的机会。

卡罗尔由自身经验（为了照顾她的4个孩子，已经11年没有从事过全职工作的卡罗尔在一家知名投资公司找到了一份全职工作）感受到：再就业者的各种统计数据对雇主而言是很宝贵的信息，而雇主们也正逐渐意识到这一点。再就业的核心人群，主要是35～50岁的女性，她们处于人生的特定阶段，她们成熟、稳定、忠诚于工作，她们是理想的员工，就等老板们能为她们打开那一扇返回职场的大门。

＊＊＊

有时候，打算回归职场就意味着要对各种机遇保持开放的心态——当大好机会突然降临，能及时把握，一举成功。贝基的朋友黛布拉·范宁就遇到了这样的天赐良机。黛布拉是一位老师，她有两个孩子，就读同一所路德教会的小学校，这也是贝基的母校。2008年春天，大女儿玛吉在读学前班一年级，小儿子蒂姆还在上幼儿园，那时黛布拉全职在家带孩子，可她开始盘算重新出去工作的事。但她还没正式开始找工作，一个机会就一下子掉到她面前：他们学校正好有一个教学职位的空缺，她是在一次周四的游泳课上听人无意中提到这事的。这简直是好得不能再好的机会了：黛布拉在芝加哥公立学校时就曾经教过这个年龄段的学生，工作地点离蒂姆和玛吉很近——她应聘的那所朝圣者路德教会学校离家只有四分之三个街区的距离。他们家不用再多买一辆汽车，黛布拉和孩子们走路到学校甚至用不了两分钟。

黛布拉更新了她的简历，第二天带着简历去见了朝圣者学校的校长。校长对她的经验、硕士学位的教育背景和对学校办学理念的认同非常满意。

黛布拉大有希望获得这份工作。周一，她参加了招聘团队的面试，到了周三，就接到了聘用通知，从她申请到被录用前后还不到一个星期的时间。接到通知后，黛布拉自己一个人去杂货店买东西，忍不住哭了起来。“我真怀念。”她告诉贝基，“虽然是一件好事，但你知道，那改变了我整个生命。”

秋天很快到来，黛布拉开始在朝圣者学校工作。家里的日常生活也有一些变化，对家里每个人来说，适应新的生活模式总要费点力气，尤其是四岁的玛吉，但这是一个良好的发展。到了2010年，芝加哥公立学校面临巨大的预算削减，如果当初黛布拉回到那里工作，到时候可能也会面临失业。

* * *

当詹妮弗·佩特重新开始工作时，她重拾起了自己的老本行，并挖掘自己当妈妈的经历作为主题。当然，说起来容易，做起来难。2008年11月，她的网络系列节目《珍和巴伯：当妈的日子》开播。之后短短几个月，她经历了一系列乱七八糟、手忙脚乱的事——后来许多都被她改编到节目里。实际上，她在电话里对贝基讲述了一些荒唐可笑的遭遇，边说边笑。说到底，这些就是她所分享的母亲生活，无比真实。

**詹妮弗·佩特，43岁**
**《珍和巴伯：当妈的日子》的联合执行制片人和搭档主持人**
**加利福尼亚州，洛杉矶**
**库珀和莉莱的母亲**

节目相当成功，无可挑剔，这出于我玩命地工作。我的孩子们都能接受（这种生活变化），但他们还需要时间来适应，我从全职妈妈和家教协会主席转变为现在我要工作。还有每次莉莱要上芭蕾课和我们要录制（一集节目）时，（时间上有点冲突）我都有点焦虑。我希望这只是一个暂时的调整期。

录节目那天，工作人员早上6:30就到了。我坐在椅子上化妆，我的孩子们准备要去上学。我们拍摄了我家早上的情况，简直是一场灾难——像什么猫撒尿啦，莉莱光着身子不肯穿衣服啦……那场景真让人抓狂。

但生活总有好的一面，对于我们所分享的生活中这些真实的部分，大家普遍反馈从中获益良多。是的，如果我们不率先主动与大家分享我们所了解的信息，又怎么能期待别人也这么做呢？我希望大家（看着我们，然后）会说，“噢，太好了，我并不是个特例。”

但是一旦出现什么问题，詹妮弗总是一步步地去解决。当她感到忙得喘不过气的时候，她会找人协助一些家里的事或者让她的丈夫多承担一点家务。她在前进的过程中不断调整自己的目标，她一直不忘什么对她来说才是最重要的：

我送我的孩子们去上学，我去接他们放学，然后我和他们一起回家吃晚饭，周末的时候我也总是和他们在一起——与此同时，我仍然在工作。现在，说实话，我不知道一年后会怎样。但现在，我有点喜欢这种一边照顾孩子一边在家工作的生活方式。

按她自己的说法，通过追寻自己的激情，詹妮弗发现了除了做妈妈之外的另一个重要的人生目标——制定一个崭新的职业生涯，这符合我们所采访的妈妈们对职业的完美想象的标准。她们渴望有意义的生活，在工作和家庭中，她们都可以根据自己的情况重新书写自己对“职业辣妈”的定义。有些人摒弃过往，重新开始，并最终到达真正属于她们的领域。

其他人的职业变换虽然没有这么大反差，但同样生活得更好，正是因为她们清楚地认识到可以主宰自己的生活方式。规划、勇气再加上那么一点运气，一些妈妈选择了知足常乐的态度，避免了家庭事业都要做到最好的完美主义倾向，这一点也是我们在采访中的发现。

这确实是一种心理解脱。

GOOD ENOUGH IS THE NEW PERFECT

# 第11章 乐享人生

- 用自己的方式给成功下定义，追求幸福的关键。
- 如果你喜欢自己做的事情，那就不会将其视为工作。
- 寻找能支持你的“妈妈团”，跟她们分享你在解决事业与家庭之间矛盾时所面临的挑战以及成功的经验。相信我——你一定不是在孤军奋战。
- 永不言弃。态度决定了你能否收获幸福与成功。

# 第11章 乐享人生

我们应该怎样工作，应该怎样扮演好母亲的角色，应该怎样定义成功……这一切归结起来就是一个问题：我们感到开心与幸福吗？

贝基在离开工作岗位七年多以后，偶然间在一个下午坐在门廊里对这个问题进行了思考，她认为自己辞职回家就是为了追寻更多的幸福。那么我们按照世俗的观念诠释“母亲”的含义以及做好工作就真的已经足够了吗？我们是不是应该在事业与家庭的合理搭配中享受更多的生活激情、更多的充实感和更多的自豪感？我们应当过一种最能让自己感到满意的生活。

这是芝加哥的初春，郁金香、黄水仙和风信子正努力地从泥土中探出头来，最终挣脱了点点残雪的重压，送给世人一片色彩斑斓。紫丁香和绣球花也萌发了它们的第一个花蕾。就在这一天，贝基决定放弃写作，尽管她耗时八个星期写出来的手稿已经交给了编辑。不过没关系，这一天真的是非常美好，因为贝基开始走上属于自己的美好人生路了，开始践行“新知足常乐”的人生理念。她可以决定早点把孩子们从看护中心接出来，带着他们到外面大街上去和其他小伙伴们一起玩踏板车，然后和邻居们一边聊天一边享用鸡尾酒。这是真正属于她的时间，这才是真正由她自己选择的生活。

贝基曾经花费了大半个秋天，一整个冬天，还加上初春的时光来进行写作。她每天工作的时间比以往任何时候都要长。在这段忙于写作的日子里，她一直想弄明白一个问题：为什么当一名报刊记者就跟自己的家庭生活格格不入呢？过自己一直以来想要的生活怎么就这么难呢？然而很奇妙的是，她现在却很高兴，能够沉浸在自己喜欢的工作项目中，让工作环抱着生活，告别乏味，告别黯淡，迎来光彩夺目的人生成就。

她的生活并非完美无缺，但是她却对生活心怀深深的感激之情。她因为长时间扮演多个角色而导致自己力不从心，出现了耳血肿的症状，她经常违背“超级母亲”的行动准则：比方说会发生忘记了去幼儿园开家长教师碰头会，开车带着孩子们走到半路突然汽油耗尽无法继续前行等故事，她还在去往澳大利亚的途中用手机下载了很多儿童影片，免得自己无聊得发疯。

她并没有为自己所做的一切感到自豪，但是她已经懂得了“母亲”的真正含义，因而她不再对自己或多或少犯下的不可避免的错误耿耿于怀，也学会了在现实面前适当地低头妥协。她基本上能做到不跟别的母亲攀比，她终于发现，也真正意识到了在追求完美的道路上稍事歇息，放松一下紧绷的神经，更能感到快乐与幸福，收到孩子们更好的评价。她希望孩子们能做真正的自己，就算要面对挫折，经历失败，那也要鼓励他们勇敢地走下去，要追求属于他们自己的成功（而不是生活在父母的庇护与管理下），享受属于自己的生活。她对于让孩子们看到自己犯错误非常释然，她认为这对于孩子们而言是件好事。而且她还发现，接受不完美的人生，比起努力摒弃人生瑕疵的确更让人感到舒适与惬意。

让我们换一个视角，看看皮特的生活吧。他现在能够待在家里的时间比起以往任何时候都要多，他的女儿们已经长大，可以搞个家庭足球赛了，经常是由老大带领着她们在城市中远足。老大和老二现在都满八岁了，她们可以一起大声朗读《小妇人》了，书中独立而又直爽的可爱姐妹们的故事颇为引人入胜。小女儿卡蒂到春天就满六岁了，她每天早上都会爬到父母的床上撅起小嘴索要拥抱和亲吻。

夜幕降临后的门廊更是最温馨闲适的地方，跟幸福的清晨一样，把忙碌快捷的生活节奏放缓，有意识地营造一种慵懒的氛围。这本该在多年以前就应当付诸实践的生活方式，现在终于变成了现实，并逐渐成为世人所认可。孩子们可以在空旷的房间、工作室或车库里玩一切可以想象得到的玩具，而大人们则可以悠闲地倒一杯红酒或者马提尼酒，有时候也可以来点儿混合饮料，分享每人带来的家常便菜，这样就不需要任何人钻进厨房去当厨师了。尽管在这条街区的绝大多数父母都是职场人士，妈妈们都是奉行折中主义的女性，兼顾工作和生活：有的是全职医生，有的是兼职社工，有的是在家里工作的平面设计师，有的是临床医师。有的夫妇二人都是临床医学家，妻子在家里照顾三个女儿的日常起居，同时还作为企业项目主管履行着繁杂的岗位职责，凭借出色的能力跟单位协商，以自己的方式应付工作任务。这样一群来自不同生活轨迹的人聚集到贝基家的门廊，尽情诉说着自己的苦闷与悲伤，欢庆自己的成功，教孩子们跟着“惊悚片”的节奏手舞足蹈。贝基的朋友米歇尔告诉她有关凯茜·卡尔霍恩的故事（“你应当为了你的书稿而采访一下她，我可以介绍你们认识”）。另一位朋友埃尔莎则经常让贝基捧腹大笑，有时候都笑得喘不过气来。人们依靠着白绿相间的门廊柱，谈笑风生，洋溢着一种“新知足常乐”的美妙气氛。

因此，就在这个晚上，贝基做出了决定，要选择比工作更重要的东西，因为她坚信一个充实美好的生活状态会让她成为一位更出色的作家和更优秀的母亲。

不管怎样，她会永远铭记这些改变她思想的小小瞬间。

* * *

这是在摩根城的一个温暖的春天，霍利慵懒地窝在自家后院里的猩红色摇椅里，看着她的儿子们在约翰刚割完草的草坪上打棒球。基甸击球，亨利接球，然后爆发出一阵尖锐的欢呼声。

“我接住了！我接住了！”亨利尖叫道。这是他第一次成功接住了一个近距离高飞球。霍利也高兴地欢呼起来，欢呼声吸引了约翰的注意，他正向着前院走去，头戴着他最喜欢的牛仔草帽，打算清理院子里的杂草。他看上去是那么强壮、自信而又开心无比，冬天已经过去，是时候要好好整理一下自家的土地了，他把常绿植物上面的残雪抖落，重新翻一下土地，让泥土能得到阳光的照射。

夜幕就要降临了，他们全家人一起来到前廊，准备参加神圣的酒神狂欢节活动，享用山羊奶酪制作的开胃菜，欣赏暮色中那美丽的夕阳。霍利畅谈着她的写作情况，约翰也表达了他的新书的主题思想，因为他想在霍利写的书面世以后也赶紧开始实施自己的写作计划。亨利不断地讲笑话，引得大家笑声不断。霍利宣布她们将要组织一个烤面包派对，亨利接着就重复道：“面包和培根？简直棒极了！”大家还祝贺基甸开通了自己的博客并为他感到骄傲，而且他坚持每天都更新博客呢。

霍利也曾试图遵从她最近喜欢的一本书——格雷琴·鲁宾的《幸福工程》中的观点和建议（“用我喜欢的方式行动起来”），但是当她和丈夫坐在一起享用美食、感受暖暖的爱意时，就会发现自己根本没有必要强制模仿别人的生活方式。霍利能真切地感到纯粹的幸福，这种幸福感连绵不断地环绕着他们夫妻二人，因为他们手牵手去聆听了匹兹堡交响乐团的音乐会，度过了美好的夜晚，当然，音乐会的主题也非常适宜——叫作“人类的精神”。

* * *

一方面，关于幸福，很多女性有这样的体会：金钱是买不到幸福的（当然金钱可以让你脱贫，从而感到幸福），有了孩子以后幸福感会减少。一项研究报告表明，20世纪70年代的女性比2009年的女性要更幸福，因为后者背负了更沉重的传统枷锁。所以总体说来，随着社会的发展进步，我们的幸福感越来越少了——只顾忙着赚钱和生儿育女，整天想着那些史无前例的人生抉择，而实际上对于改进当下的生存状态毫无意义。

对于超负荷工作的职场母亲而言还真没什么值得特别高兴的消息。

另一方面，美满的婚姻与和谐的性关系也能带给我们幸福感。当然，还有工作之余的社交生活也能让我们感到开心，对了，还有跟朋友们共进晚餐也是件美妙的事。这意味着贝基跟邻居们的闲谈也有利于增加幸福指数（对她而言会有更多的好消息：有令人感到精神愉悦的邻居们相伴也能增加不少开心的元素哦）。实际上，良好的人际关系一般都会对个体的自我满足感和安宁幸福感有重大的影响。尽管一份诱人的高薪工作不一定会让我们收获更多的幸福感，但是工作却可以给我们带来快乐与幸福——尤其是做一份我们自己热爱的工作。

这意味着我们所讨论的有关“新知足常乐”的话题就是在帮助人们寻求幸福。我们的研究表明，凡是属于知足常乐型的女性都感到婚姻幸福，与爱人的关系融洽，而且她们看上去有更多的时间花在朋友和家人身上，也有更多的时间留给自己。她们跟另外一类永不满足型的女性也有相似之处，都是把时间花在自己喜欢的人或事上，后者就是乐意为了自己热爱的工作而变成工作狂。

她们可能还会支持研究者们争论如何解决期望与现实之间的鸿沟，这一问题一直就是大家讨论的热门问题，在2009年的一项名为“有关女性幸福感降低的悖论”的调查研究中有详细论述。该研究的作者是两位来自宾夕法尼亚大学沃顿商学院的经济学家，他们在研究报告中写道：

妇女运动带来的变革可能降低了当今女性的幸福感。当代社会中女性可能会在更多的领域有更多赢得成功的机会，同时也更有可能会让她们感到自己的生活还没有达到完美的标准……而且女性朋友们很容易发现，自己在现代化生活中所背负的压力日益增加并且愈加复杂化，结果导致了幸福感离她们越来越远。

在我们的调查问卷中发现，那些知足常乐型的女性往往都给“成功”下了一个属于自己的个性化定义，这跟我们采访过的大多数知足常乐型的女性一样，基本上都不会接受“尚未达到完美标准”的生活理念。她们已经懂得，自己的期望值应当由自己决定，评价自己人生的标准应当由自己制订。她们从容不迫地把人生中的大小事务按照轻重缓急进行排序，重点关注对自己最重要的东西，摒弃了很多繁复的人生琐事，卸载了很多生活的压力。

事实上，知足常乐型的女性会更明白什么叫“有舍才有得”，她们的付出换来的是自己最看重的东西——最接近我们的调查问卷中对于“幸福”的界定标准。

那么她们是不是因为孩子们才会降低了幸福感呢？尽管任何父母都知道面对孩子的暴怒、哭闹，训练孩子如厕，收拾乱成一团的玩具等都不是什么让人高兴的事，但是总体说来这会导致人生的满足感大大减少吗？真的是这样吗？

每一位填写我们调查问卷或接受我们采访的女性都是当了妈妈的人，所以她们是站在同样的地平线上，起点相同。但是，永不满足型的女性可能更乐于生一个宝宝——有三分之一这样的女性选择了只要一个孩子，而知足常乐型的女性则有略多于四分之一的人选择只要一个孩子。虽然很难解释其中的原因，但是这可能反映出我们所观察到的一个规律：知足常乐型的女性更能够忍受不完美的生活状态，擅长应对各种养育小宝宝所必需的琐事。

不过有关孩子与幸福感之间的复杂关系依然是各种研究所密切关注的问题：已婚夫妇一般在新婚期都有着较强的幸福感，不过等他们有了孩子以后幸福指数就大幅度下降——在孩子们长大成人离开家之前，他们是再也回不到最初的幸福水平了。

唉呀！

等等……这个问题也可能要看我们所站的角度。

我们很欣赏格雷琴•卢宾对于这个问题所持的观点。她的畅销书《幸福工程》使她成为研究该领域的专家级人物。格雷琴对于“孩子是父母幸福指数下降的罪魁祸首”持反对态度。她指出，养育孩子是一件艰辛与快乐并存的事，并非每时每刻都能让父母感到幸福，因为这是个复杂的过程，很难简单地贴上标签。她在书中写道：

在很多情况下，我们都可以把生完孩子后享受到的幸福感称为“雾幸福”。“雾”的特点就是模糊不清、容易消散。我们身边的雾随时可以转化成看不见的空气，当你想对雾进行检测的时候它就消失了。“雾幸福”就是来自于你的行为方式，可以进行严密的检测，可是却没有真正给人带来幸福与快乐——似乎在一定程度上也可以吧。

格雷琴提到了有关成年人的许多秘密，其中一个就是：幸福感不见得能让你一直感到幸福。瑞贝卡·莫利——一位反暴力研究者在测试自己的幸福水平时偶然发现了这个问题（她自认为幸福指数很高）。

“母性是我所经历的最有力量的东西，比起我反暴力的信念更有力量。”瑞贝卡对贝基说，“我认为孕育并诞下一个新生命是一件极其令人敬畏的大事。真的，的确非常让人敬畏。”

这并不意味着她一直处于畏惧的状态。有时候由于母性使然，她会大声说出自己的真情实感来获得片刻的安宁。瑞贝卡认为，这种感觉我们大多数人都时常有所体会。“我的孩子们非常出色，但有时候他们实在出色得让我抓狂。如果我真的想塑造一个‘完美’的孩子，那我肯定要有一些‘模特’做榜样。”

我们在人生道路上肯定会悟出一个简单的真理：母性可以体验千万种复杂混乱的瞬间感受，集合了恐惧感和愉悦感，所以我们并不会感到幸福常伴左右。

然而人生也会有其他的小小瞬间让我们突然驻足，体会到幸福之光在闪烁，照亮了整个生命的天空。

每当音乐响起时，还有与四个孩子翩翩起舞时，瑞贝卡就会感到这种妙不可言的幸福涌遍了全身。

* * *

我们在启动研究项目之初就给每一位接受我们调查访问的女性贴上了整洁的小标签。把所有的小标签集中分析一下，总体上可以把研究被试分成两大类（知足常乐型和永不满足型），这些小标签可以帮助我们深入洞察每个被试的情况，但是对于每个被试的描述也达不到十分精当的程度。但是每一位被试的故事都不会背离主人公最重要的特性，也不是每一件事情都能用一个简单的小标签就能概括出来。一共有905位女性填写了我们的调查问卷，有100多位女性接受了我们的采访，我们还对差不多十个人进行了密切的追踪研究，最后得出的研究结果都没有太大的差异。

当然，研究结果表明这些被试也存在许多的共同点。瑞贝卡·莫利——这位有着良好教育背景和相关专业知识背景的女性确实有着更强的洞察力，她已经清楚地意识到过度关注人们之间的差异会导致什么样的后果，于是她开始把注意力转向人们之间的共性（“我们正在努力寻找共同的东西。”她对贝基说道）。

在我们采访过的女性当中，最知足的女性往往最清楚地知道自己最想要的东西，她们会尽全力去追求自己最看重的东西。她们中的有些人顺其自然地就能找到属于自己的生活方式；而另一些人则通过采取一些手段才走上了适合自己的人生道路。当然也有一些人寻求了外界的帮助，向临床心理医生或人生导师做过咨询，在家里冥思苦想了很久：得出的结论就是要自己掌控自己的人生。你要给“成功”下一个属于自己的个性化定义。你就是你，无可替代，独一无二,一定要做回你自己。

**金伯莉·富尔彻**

**生活与商务培训专家，生活与商务规划设计公司的创始人、董事长和CEO**

**四个孩子的继母**

我们应该允许自己把纷繁复杂的各项事务理出个头绪。

当我开始整理思路，打算做出合理统筹规划的时候，可不像天使在唱歌哦，我只是运用一系列比较简单的工具而已。先自问自答几个基本问题，看一看你是怎样发挥自己的能力，怎样动动脑筋梳理存在大脑里的各项事务。你需要调控好自己的生活，照顾好自己。其实我们一直以来都对自己的照顾得不够。我想肯定没有谁曾经告诉过我们可以换种活法，让自己过得更好。

我听到最多的话就是：“我觉得时间不够用啊！”不，你可以让时间变得够用，只是你暂时还不知道怎样运用时间而已。

我们花费了两年的时间做研究和撰写本书，很多研究被试都在这段时间内做出了改变，也包括我们自己。我们经历了令人兴奋不已的人生高潮，也经历了出乎意料的人生低谷：两位作者有好几次都险些屈从于残酷的现实，但是经过不屈不挠地奋斗，依然克服了困难，迎来了人生的光明，支持她们的是一种人生信仰，抑或是某种精神药物吧。其实人生就是这样，我们脚下不可能总是一马平川的康庄大道，我们希望通过努力来把生活中的琐碎问题都归结到同一个难题上，然后加以解决。总体说来，我们的生活跟那些接受我们采访的女性朋友们相比，也没有什么本质的不同。

我们从另外一些女性身上也学到如何改变自己的方法，她们教会我们理解很多有关幸福的话题，让我们有机会激发自己的勇气，散发优雅的气质，进行自我反省，具备行动的决策力。从访谈的起始到结束，我们涉及的话题可以让参与访谈者体验人生的起伏与兴衰。有些女性在访谈过程中会惊讶地发现自己原来还有这么巨大的潜力和行动欲求；有些女性则开始重新审视自己的人生抱负，重新评价自己追求的目标；还有些女性会发现自己在做出新的尝试时竟然是那么的精力充沛，没想到自己能灵感迸发、活力四射地去实现那么多目标。

结果呢，有许多接受了我们访谈的女性在那个美丽的春天都感觉生活异常美好，自己的状态也非常棒。

莫利·摩尔斯·里默，这位克里斯蒂拍卖行的古董鉴定专家在职场上的晋升之路一直很顺利。“我的工作确实很辛苦，但是我很喜欢，而且我在工作中得到了认可，这种被肯定的感觉非常棒。”她对贝基说道，“我的孩子们正在茁壮成长，而且能看到他们成长的过程真的是一件十分开心的事情。一年之计在于春，我们在这个时节下班回到家的时候暮色还未降临，所以感觉上会有更多的时间陪伴家人。”

金·霍尔斯坦在芝加哥林肯公园附近开了一家法式咖啡厅。她是14位领导才能与综合能力受到全国女性商业企业协会认可的女性之一，为其他女性企业家做出了榜样。她的咖啡厅刚刚庆祝了15周岁的生日，对她而言，这既是事业的里程碑，也是自己人生的里程碑。到了秋天，她最大的孩子即将进入中学，最小的孩子也将进入幼儿园。金的咖啡厅是在最忙碌的春天开业的，但是她一直对于咖啡厅的运营充满着热情：“我像上满了发条一样，整个人就又像是一辆满载的汽车在努力前进，但是我真的非常热爱我所做的事情。”她告诉贝基说，“我很爱这样的生活。”

凯茜·卡尔霍恩花费了一个半星期的时间和女儿索菲在意大利玩了一圈，回来的时候索菲开心极了，那种溢于言表的幸福是真正发自肺腑的。“我们绝口不提烦躁的日常生活琐事，除此以外，我们聊了个海阔天空。”凯茜说道。

詹妮弗·佩特、利比·温莎、珍·坎特和尼珂·威廉姆斯也一样，她们每个人都有一两件值得拿出来跟大家分享的成功案例，以及有关幸福的故事。

## 寻求新的高度：詹妮弗·佩特

在一个阳光明媚的春天，《珍和巴布：辣妈生活》凭借其绝佳的真实情节和多样化的主持人赢得了网络大奖——艾美奖（美国年度电视艺术最高荣誉奖）的网络版。第二季节目正在拍摄中，而且每一段情节都包含了大约160万个画面，珍和巴布还以嘉宾身份参加了由雷切尔·雷和波拉·迪恩主持的美食栏目。

在迅速发展的当今时代，社会大环境很容易让人躁动不安，寻求紧张刺激的生活。但是广大女性朋友们却把生活的每一步都走得小心翼翼，必须保证自己踏上的每一级台阶都向着理想的目标前进，都不会偏离自己认可的主流发展方向。詹妮弗甚至还拒绝了一个可以让自己成为著名脱口秀主持人的机会，就是因为这个机会没有给巴布。

“我努力做事并非为了成名，”詹妮弗对贝基说道，“所以我会尽可能谨慎地做出明智选择……我想努力打造一个真正优质的网络节目，并且创建一个网络在线社区。最关键的是我和巴布都是打心眼儿里希望坚持我们的理念——一个清晰坚定的理想。我确信现在就有很多网友正在网上跟我们畅所欲言。这看上去像什么样子呢？我可不想跟在电视节目中一样，露个脸，说一句‘我上电视啦’。”

詹妮弗和丈夫已经适应了全新模式的双职工生活，而且把日子过得有声有色：丈夫乔纳斯把更多的时间花在了家庭上，而詹妮弗则会在工作之余尽量帮助丈夫分担一些家务。当然，他们夫妻二人也是经过了一段时间的适应期才开始从容应对生活的——因为他们需要解决从未遇到过的新问题，他们需要重新思考自己在家庭生活中扮演的角色，毕竟詹妮弗要走出家庭回归职场了。

“我们的日子越过越好了，一直在向美好的目标前进，”詹妮弗对贝基说，“我们之间的沟通和交流更为顺畅，我们之间的关系更加和谐，相互理解和宽容，家庭气氛非常温馨。现在我们的家庭生活已经处于健康的发展轨道上了。”

詹妮弗十分清楚地阐明了一条经验：“你不能凭借自己一个人的力量来应对所有的问题。你可以勇敢正视所有的问题，但是你必须要明白应该由谁去解决什么问题，分工合作是很有必要的。”

詹妮弗还为自己在事业上取得的成功颇感自豪，经常自我陶醉：毕竟她也为自己的家庭每月贡献固定的收入——这种感觉真的是太棒了！

**詹妮弗·佩特，43岁**
**《珍和巴布：辣妈生活》的创办者和主持人**
**加利福尼亚州，洛杉矶**
**库珀和里拉的母亲**

能够为我的家庭做出贡献，我感到非常高兴。

我最初的目标并不是想要赚多少钱，我并没有时刻想着“我到底能给家里增加多少收入”这样的问题。我经常想的是“嘿，我很乐意干这事儿，如果我要是既能干自己喜欢的事儿又能赚些钱，那就再好不过了。”而现在我做到了，我真的做到了……我很享受和丈夫一起辛勤工作维护家庭的过程。由于我分担了一部分生活压力，我的丈夫也明显感觉到肩膀上养家糊口的担子减轻了一些。这对于我们两个人而言都是好事。他开始更多地参与家务劳动，享受温馨家庭生活，而我是从心底里喜欢这样的生活状态。

除了要当个好妈妈，我还有更多的奋斗目标。当个好妈妈诚然也是件妙不可言的事，让我经常欣喜若狂。但我在为了实现自己的目标而努力奋斗的过程中能收获更丰富多彩的体验。我们内在的精神状态会在外部的行为表现上反映出来，在我们照看孩子的时候他们就会受到我们潜移默化的影响。我的孩子们会把我当成模仿学习的榜样，看着我为工作忙碌，看着我充满激情地干这干那。

我喜欢充满希望与发展潜力的人生，这是让人奋发图强的人生。我感觉自己的未来充满了各种各样的机遇，我要张开臂膀迎接它们。

## 从数字中寻求力量：利比·温莎

利比·温莎，这个职业律师曾经的梦想是想在室内设计领域有所作为的，结果在律师这条道路上她越走越孤独，尽管有那么多心怀远大抱负的职场母亲在接受我们采访时都会说到利比的故事。

利比只想找个平台能帮助她解决问题，找到有效的问题解决途径——于是在2009年的秋天，她同父异母的妹妹打来了电话，给她推荐了一个女性授权机构。该机构由八位匹兹堡地区的妈妈们创建，她们希望通过该机构把自己曾经遇到的挑战和已经获得的成功向女性朋友们广而告之，同时也希望自己能百尺竿头、更进一步。

她们拟定了该机构的目标宣言，并且找到了一套最佳的工作范式：先进行半小时的社会性交流，然后围坐在桌子旁一起讨论，女性朋友们应该怎样互相支持与帮助才能实现奋斗目标。利比的丈夫本开玩笑地把这个机构叫作“甜心协会”，因为男士们统统被拒之门外。

霍利曾经受邀参加了该机构在2010年5月组织的碰头会。这是一个温暖的夜晚，参加会议的女性朋友们聚集在利比家僻静的门廊，坐在藤条编织的舒适坐垫上，本在一旁悄悄地点燃了一些蜡烛。霍利的嘴角忍不住地往上扬起，微笑地看着利比被朋友们（即她忠实的拥趸）围在中间，大家一口一口轻咬着果仁蜜糖千层酥，品尝着夏敦诶酒(一种类似夏布利酒的无甜味白葡萄酒)，谈论着上次会议以来霍利取得的新成就。

“上次我们碰面的时候，我感到自己的工作黯然无光，缺乏工作激情。于是我给自己六个月的磨合期，来调整工作状态。”利比跟大家分享着自己的经验，“然后我真的做到了，我对工作的热情又燃烧起来了，这种感觉妙极了！我想有部分原因是安德鲁已经长大了，不再像婴儿时期那么让我费心劳神了，而且我的客户们也很支持我，给了我更多的工作项目。我又回归到职场女性的角色了，又开始游刃有余地处理工作中的种种问题，而且我的状态也回到了以前，精神饱满，意气风发。”

“跟我们说说你的绝佳状态意味着什么吧。”参加碰头会的一位机构成员插话了（她亦是一位生活导师）。

“对我而言，”利比说道，“一种绝佳的工作状态就是永远有一些略具挑战性的任务等我去完成，一直激发我的灵感，让我保持高效率；但是又不会让我产生这样的压力：‘我的天哪，我要把整个周末都要搭进工作了。’我可以在工作时间把工作干好，在工作之余好好陪伴孩子们，我认为自己是个积极进取的人，并且获得了成功。”

现场的朋友们为利比爆发出了阵阵喝彩，掌声不断。

## 重新审视自己的生活重心：珍・坎特

珍・坎特终于开始活得轻松了。

经过两年时间的追踪访谈，贝基见证了这位热情洋溢的医生凭着源源不断的生活激情，进行商业运作，应付这种繁忙的事务，同时还成功地回归到积极健康的生活轨道上来，真是可喜可贺。一直以来，珍似乎经常进行自我反省，从而自主选择解决问题的好方法。她会不断提醒自己不要偏离了人生的正轨，自己所做的一切都是围绕着既定的生活重心，绝不能忘记什么是对自己最重要的，什么是能让自己真正感到幸福的。这样一来，就更容易大胆地去冒险了——她知道自己的实力，而且懂得在超负荷运转的时候及时调整自己。在2010年的春天，珍重新审视了自己的生活重心，她拒绝在各种琐事（即对于追求属于她自己的成功毫无意义的事情）上耗费精力，她在生活中的各个方面都展现了自己的优雅从容，她会花时间去健身房，可以做自己喜欢的事情，忧愁和焦虑离她越来越远。

她的孩子们健康快乐，她的婚姻和谐美满，她是一名快乐的医生，诊所的业务稳步发展。

而且，更加振奋人心的是：珍获得了U形游戏垫的营业执照，有了自己的“珍医生”品牌，创建了Sassy公司——一家主营婴儿用品和玩具的全球化公司。

**珍·坎特，38岁**

**保护受虐儿童的儿科医师，教育玩具公司的老板，《每天都这样玩耍》的作者**

**纽约，韦斯切斯特县**

**两对双胞胎的母亲**

对于过去几个月发生的事情我感到非常骄傲和自豪。我雇了更多的人来帮我处理公司的各项业务，而我就不用耗费太多自己的精力去应对这些事情了——有专人负责发货，有专门的客服人员，还有人完成互联网上的相关业务……我已经把自己从这些没完没了的事务中解放出来了。

在家里我感觉自己说话更有“权威”了，这种感觉很不错哦。就像那个早晨，我需要早起去单位处理一个病人的事情，于是要求韦德送孩子们去托儿所，他欣然应允。我感觉向他提出这种要求很轻松，这点事根本就不算什么。但是我一想到曾经的日子，我要是跟他提出这种要求肯定会很难以启齿，因为他一天到晚都忙得不可开交。而那时的我呢，你猜怎么着？我也同样是个从早忙到晚的工作狂。

我真的特别喜欢我的孩子们，他们正处于最可爱的年龄，他们是那么令人忍俊不禁。那么现在是时候要考虑怎样平衡好生活的方方面面了，我必须要找到一种紧凑有序的生活方式，让我能够最大化地把时间分配给孩子们，我要尽量多陪伴孩子们。

我现在奋斗的目标还是跟以前一样：稳定的有安全感的幸福生活。我想这是从未改变的。让孩子们能幸福快乐地健康成长才是衡量我成功与否的重要标准。我的观点听上去似乎也很平淡无奇，但是看着自己的孩子们茁壮成长谁又能说自己是个失败者呢？

我现在可以很自信地大声说出自己的观点，敢于拒绝一些事情，还能用一种更适宜的方式表达自己的感受。我的人生越来越美好。我开始看着手头等待处理的事务自言自语：“我不做，我不做，我才不要做这些事呢！”就这么简单，然后我就轻松多了！

珍的故事深深地触动了我们，也许因为她诚实坦率的言谈举止让她看上去是那么可爱和真实；也许因为她能从容不迫地处理公司事务，抚养四个孩子，既能当好一名全职医生又能把平淡的日子过得有滋有味。

有时候珍也会觉得筋疲力尽，但是她从未放弃，也不允许自己被各种繁杂的事务所奴役。她一直坚持做自我反思，选择适宜的方法，解决问题。

在第一次接受采访的时候，珍曾经说过自己希望避免重复她母亲那样的生活轨道，不想背负跟她母亲一样的沉重包袱。虽然她很想远离母亲所经历的种种压力，但是她又从心底里敬畏和钦佩她的母亲所克服的困难。是孩提时代耳濡目染受到的爱的教育帮助她在成人之后获得了成功。

"我曾经跟你说过我是多么尊敬我的母亲，我从她身上学到了很多东西。"珍对贝基说道，"我不知道她是怎样做到的，我们家的生活在我眼里就是令人发疯抓狂的忙碌与混乱，可是我的母亲却能把日子打理得井井有条，她一直充满生活的热情，丝毫不会吝啬对我们的爱，永远散发着迷人的魅力。无论遇到什么困难，她总是能找到克服困难的办法。"

珍认为，这就是母亲留给她的丰富的精神遗产，值得她继承与发扬。

## 童话般的结局：妮基·阿德科克·威廉斯

在整个采访过程中，霍利感觉妮基是一个非常容易亲近的人，她们之间立刻建立起了亲密的关系。原来，她们二人曾经有过相似的经历，都曾是出色的律师，都曾花费了多年的时间忙于工作，结果导致灵魂中的许多东西被工作窃取了。霍利在采访过程中逐渐加深了对妮基的了解，她没想到二人之间竟然存在这么多共同点，这真是个惊喜。

霍利希望妮基能通过联系职业咨询机构黛比·斯通公司去帮助她克服工作中遇到的困难，但是2月份的时候，妮基告诉霍利说她已经决定不再依赖职业顾问了，因为她和丈夫汤姆查看了自家的财务预算，发现他们已经不再适合找职业顾问了。

然而，作为《减法生活》的写作素材之一，妮基在接受采访后也因本书所倡导的生活理念而受到了心灵的触动，让她原本平静的心底泛起了波澜。在几个月的追踪访谈期间，妮基在纽约和其他当了妈妈的女性朋友一起参加了圆桌会议，从而促使她开始严肃地思考是否应当改变一下自己，让人生变得更美好一些。

妮基跟霍利说，很长时间以来，她都认为自己就是个生活的牺牲品。她的人生似乎一直止步不前：她不过是接受了一份并不喜欢的工作，而且从未试图分散一点精力去寻找其他更有意义的东西。

妮基在接受霍利的采访之后几个月的时间内，她慢慢地开始相信自己应当得到更多的东西。她可以当一名称职的母亲和妻子，同时还可以找一份让自己开心的工作。

妮基也开始像婴儿蹒跚学步一样试着去改变自己的工作状态，希望能成为工作的主人，比方说她在加班过后会向上司要求给补偿时间（以休假的方式给加班的员工的补偿）。她也开始跟丈夫讨论有关青少年法律的问题，这是她非常感兴趣的一个领域。

然后在4月份的时候，妮基给霍利打电话说得知佐治亚州立大学正在招聘一位法律写作方面的教授，离她的家只有35分钟的车程。霍利马上就意识到这是非常适合妮基的一份工作。

当妮基正在为是否去争取这个工作机会而犹豫不决的时候，霍利果断回答道："你应当去。"

霍利当时也正在为她自己的院系招聘一名新教授，所以她知道就凭妮基出色的才华和专业技能是完全能胜任佐治亚州立大学的教授一职的，她正是佐治亚州立大学所寻找的最佳人选。只是霍利还不敢确定妮基是不是跟自己持相同的观点。

因此，霍利从采访者的角色中走出来，以友善的态度给了妮基一些建议。她重新审阅了妮基的求职申请书和简历，以确保她的求职信看上去相当不错。当妮基又打来电话告诉霍利她已经得到面试通知的时候，霍利又帮助她做好面试准备。在妮基去参加面试前的一个周末，她和霍利通了好几个小时的电话，讨论了各种有可能遇到的问题以及应该如何作出回答。

妮基把内心深处的自信心给挖掘出来了，然后自信从容地去参加了面试。5月19日那天，佐治亚州立大学的法学院打来的电话公布了这样的消息：90位应聘者中仅有9位被邀请进入面试环节，而最终他们决定录用妮基。而妮基正穿着高跟鞋和职业装在教会的操场上陪着安娜和利亚姆玩耍，听到这个消息后她直接跳向了空中，激动地庆祝自己的成功。

在她的丈夫汤姆记忆中，当年在法学院的时候，那个“曾经的”妮基充满了活力与激情，是多么可爱而又魅力四射，她可以藐视任何挑战……而如今，那个“曾经的”妮基又回来了！

妮基电话通知了霍利自己被录用的好消息，感谢这位引导她走向新生活的朋友。

“那么我应该怎样为下个月的法律写作大会做好筹备工作呢？”妮基激动的话语就像是在唱歌。

霍利也欢呼起来，而且她身边的基甸和亨利（带着点激动的音调）也冲着电话筒大声尖叫：“祝贺你啊，威廉斯教授！”

**妮基·阿德科克·威廉斯，33岁**

**法律写作教授，佐治亚州立大学法学院**

佐治亚州，麦克多诺市

安娜和利亚姆的母亲

当我走上教授的工作岗位，我开始反思自己过去的人生，我才意识到原来我长期以来扮演的角色就是一个牺牲品。我对于那种生活真的是厌倦了，而且我发现只有改变自己的人生观和价值观才能走进全新的世界，否则那些美好的事物是不会自己跑到我跟前的。

这份工作非常适合我现在所处的人生阶段。我知道我不能安于现状止步不前，依然还需要做很多自我检查和反省，但是我已经为实现真正的自我价值做好了空间和时间上的准备。

我在纽约通过和其他妈妈们交流沟通，表达了自己的真实感受，说出了自己的困惑并且做出了人生的抉择，这个过程让我重新找回了遗失多年的自信。而且我开始改变我长久以来的思维定式，试着冲破固有的思想牢笼，努力去争取自己喜欢的美好事物。

现在我感到工作是一件让我激动和兴奋的事情，而且我也用不着在工作上投入那么多的时间了。

这种感觉就是一种纯粹的快乐。

不管用什么语言去阐述或定义，这就是“新知足常乐”所倡导的东西——生命中存在一些能够给予我们纯粹的快乐的东西，我们应当悉心呵护这些东西。它们包含的内容繁多而又复杂，比方说我们最终找到了适合自己的工作，我们意识到自己曾经认为是错误的事情反而能促使我们更好地扮演母亲的角色，我们发现跟朋友们一边在静谧的夜晚坐在门廊里品味着马提尼酒的芳香一边谈天说地其实是件很简单的事情。对，快乐就是这么简单！

GOOD ENOUGH IS THE NEW PERFECT

# 后记

首先，我们要感谢所有准许我们将其故事呈现出来的妈妈们。感谢你们的信任，感谢你们来到纽约与我们分享自己生命中的酸甜苦辣，感谢你们把自己的丈夫也拉了进来接受我们的采访——当然，我们已经成为朋友了。本书就是你们赠予我们的礼物，我们会永远心怀感激，因为你们给我们打开了心灵的大门，让我们走进了你们的人生。

我们还要感谢许多接受了我们的采访并且完成了"'新知足常乐'调查问卷"却没有留下姓名的妈妈们，你们的声音已经被我们转化成文字编入了书稿中，真心感谢你们帮助我们加深了对新时代辣妈们的了解。

本书的出版离不开我们的明星经纪人莫利·里昂，还有哈里昆出版社的编辑莎拉·佩尔泽。与你们的合作十分愉快，希望我们能友谊长存，并且以后还能有机会再次合作。

因为帮助过我们的人实在太多，所以我们能记住的也不是很全面，但是我们仍然希望在此能表达我们真诚的谢意，让所有帮助过我们的人们都能感受到我们感恩的心。

"新知足常乐"调查问卷的分析离不开西弗吉尼亚州立大学的基思·韦伯博士坚定不移的支持与帮助。杰出的图书管理员和辩护律师苏珊·沃尔福德（在长期的观察中给"永不满足"类型的人做了界定）也为调查问卷的分析在各个方面做了不少贡献。研究助手克恩也在本研究中表现异常出色。感谢丹妮尔・博伊德和黛玻・斯威尼在我们的早期研究中伸出了援助之手。

在撰写本书的不同阶段，有很多朋友在阅读了手稿以后都提出了宝贵的意见，感谢你们的帮助。本书引用的大量资料来自于约翰・坦普尔和朱迪・哈弗菲尔德・博普雷的慷慨贡献。还要特别感谢西弗吉尼亚州立大学法学院的全体教职员工，感谢希拉・西蒙、艾米・海驰、坦尼娅・艾伯特・亨利、苏茜・达吉跟我们分享他们的观点和建议。感谢达吉基金为我们的研究提供了经济援助。

感谢我们诸多好友们介绍了许多优秀的新时代辣妈给我们认识，她们的故事在本书中都有所呈现。感谢下面这些朋友帮我们“穿针引线”：卡拉・斯帕克、朱莉・佩恩、卡丽・里德・肖费尔伯格、杰西卡・皮西克、米歇尔・克拉格和克里斯汀・皮斯。

我们在纽约的圆桌会议要感谢韦德・坎特、琼娜・盖泽尔、特里西娅・福尔克和美耿・鲍韦尔斯的鼎力支持和热情帮助。

我们的各位朋友和同事给予了我们无穷的帮助。霍利要特别感谢的是：詹妮弗・利普希茨、安迪・韦伯、梅利莎・吉根巴赫、欣迪・古雷维奇、阿德里安・凯特灵、马乔里・罗斯马里、斯科特・达夫纳、考特尼・普里查德、蒂芬妮・泰勒・黑斯廷斯、苏珊和戴维・哈德斯蒂、乔伊斯・麦康奈尔、安妮・洛法索、戴维・克雷奇、普里西拉・罗德、迪恩・克恩、詹妮弗・梅尔西罗、麦特和贝丝・施瓦兹、丹和劳伦妮・坦普尔、雪莉・科恩、贝丝・利文斯顿和伊莱恩・佩恩。

贝基要特别感谢埃尔莎・约翰逊每天的鼓励，经常给她带来欢乐，激发她的创作灵感，而且还会在她写作累了的间隙端上一杯自己调制的鸡尾酒。感谢皮特和阿尼亚・博普雷送出的热情、关爱和有价值的观点。感谢劳伦斯提醒我要对自己宽容一些，要从容淡定一些。很多其他的朋友也给我的研究提供了不少建议，分享了他们对于家庭教育方面的思想观点，为我的写作提供了思路，给予了我大量的鼓励。下面的名单可能不够全面：默尔·哈弗菲尔德、霍普·吉莱斯皮、特蕾西·伯科威茨、亨利·科万、亚历山大·博普雷、劳拉·博普雷、德文·达吉恩、帕特和诺艾尔·麦克沃德、马克·兹洛特科夫斯基、斯蒂芬妮·齐默尔曼、艾米丽·海特、西利·艾文纽、麦格·路德维格、朱丽叶·赛尔、戴娜·穆尔黑德、希瑟·莫雷和安·韦斯布罗德。对了，还有道格·约翰逊，我非常感激你坐在我家的门廊里对我说过的话："贝基你知道吗，我一直在思考你这本书的问题，我有个建议……"

我们的博客粉丝们一直关注着我们研究的进展，一直为我们加油喝彩；我们非常庆幸能置身于这样一个坚定支持我们的团体，我们真的乐在其中。我们十分感谢加入了我们的博客圈的网友们，包括（当然不止这些）劳拉·魏斯科普夫·布莱尔、凯尔比·卡尔、艾米丽·麦卡恩、库珀·芒罗、雷切尔·马修、莫利·麦克多诺、阿利·沃辛顿、莎拉·霍金斯、塔米·哈克巴特和杰西卡·海茨。

GOOD ENOUGH IS THE NEW PERFECT

## 来自贝基

写给妈妈的话：感谢您多年以来辛勤地工作，把我抚养成人，从未动摇过您的生活信念，从未减少过对我的爱与支持。感谢您教会我怎样当一名母亲。

写给爸爸的话：您是我的行动榜样，我对您充满了崇敬之情，因为您告诉了我有关生活的真谛，让我们明白什么是真正完美的人生。感谢您给我的建议、鼓励和关爱。

写给皮特的话：感谢你总是坚定地支持我的选择，支持我从事自己喜欢的职业，在我忙于工作时承担照料孩子们和采购食品等家务事。感谢你一直把“我爱你”挂在嘴边，我更想爱你多一些。

写给我的漂亮女儿贝丝和卡蒂：你们总是让我笑口常开，而且让我学会了思考，感谢你们让我的每一天都过得那么绚丽多彩，我一直都为你们感到骄傲。

最后，写给霍利：我在本研究项目中收获的最棒的礼物不是做了一件自己真正喜欢的事情，而是能跟一个出色的朋友一起做了这件事情。感谢你的大方宽容与善良幽默，感谢你在研究之初就提出了合作撰写本书的好建议。

GOOD ENOUGH IS THE NEW PERFECT

# 来自霍利

写给父母的话：感谢你们为我所做的一切，我希望自己能让你们感到骄傲。

写给约翰的话：你是我所有灵感的源泉，你的鼓励让我变得坚强。还记得你在我20岁的时候说过的话吗？你说你能看到我35岁时候的样子，所以你一定要娶我。我一直在努力工作，每一天都不懈怠，就是为了不辜负你当初对我的期望，因为我爱你。

写给基甸和亨利的话：我之所以每天都要努力做到最好，全是因为你们，你们是我的前进动力。你们让我感到无比的骄傲和自豪。因为你们相互帮助共同进步，都拥有一双发现美的眼睛，所以每一天都能发现美好的事物。

最后，写给贝基：你是我从未遇到过的好大姐。感谢你走进我的心房。

GOOD ENOUGH IS THE NEW PERFECT

# 译者的话

当今的职场女性经常在工作和生活的夹缝中顽强挣扎，希望通过自己不懈的努力来赢取事业和家庭的双丰收。鱼和熊掌不可兼得，而我们新时代的女性却不会轻易低下高贵的头，我们要用积极的人生观和价值观作为我们的行动指南，意气风发地走在属于自己的人生道路上，制定属于自己的人生标尺。“减法生活”就是一种崭新的生活态度，我们坚信能够通过调整自己的生活态度，以更包容、更开放的心态面对纷繁复杂的人生，在事业与家庭之间保持最佳的平衡状态，以饱满的激情兼得“鱼和熊掌”。

新时代的职场辣妈们也许因为身负工作和生活的双重压力而感到孤立无援、不知所措，但是我们要坚信幸福掌握在自己手中。尽管世上没有一条放之四海而皆准的人生真理，但是我们通过本书中呈现的诸多女性的故事来让大家从中受到启发，进而探索出一条适合自己的人生之路。

本书的作者经过这几年的调查研究，收集了海量的数据，其观点有着很强的说服力。在此，译者也衷心希望新时代的女性能扮演好雇主、雇员、妻子与母亲等多种角色，平衡好事业与家庭的关系。如果有缘能阅读本书，相信你会因为懂得了“减法生活”的内涵而变得更加美丽从容，前方风景真的无限好。

感谢我的译者队伍为此书付出的心血，他们是：闫国瑞、田丽、陶丽、欧阳春玲、刘峰峰、张伟利、陈怀瑾、荣柏莹、周晓文、王艳云、王海容、石雪。

谭苗苗